「十四五」时期国家重点出版物出版专项规划项目

节约用水

中国水利水电科普视听读丛书

中国水利水电科学研究院 组编

李海红 主编

中国水利水电出版社
www.waterpub.com.cn

·北京·

内 容 提 要

　　《中国水利水电科普视听读丛书》是一套全面覆盖水利水电专业、集视听读于一体的立体化科普图书，共14分册。本分册内容主要包括：为什么要节水、我国的节水工作、农业怎么节水、工业怎么节水、生活怎么节水、"变废为宝"的非常规水源利用、未来的节水技术。全书简明系统地讲述了节约用水的知识和意义，并为读者精炼讲解了节水工作的内容和目标，以促进社会大众深入参与节约用水。

　　本书可供社会大众、水利水电从业人员及院校师生阅读参考。

图书在版编目（CIP）数据

节约用水 / 李海红主编；中国水利水电科学研究院组编. -- 北京：中国水利水电出版社，2023.5
（中国水利水电科普视听读丛书）
ISBN 978-7-5226-1234-8

Ⅰ. ①节… Ⅱ. ①李… ②中… Ⅲ. ①节约用水—普及读物 Ⅳ. ①TU991.64-49

中国国家版本馆CIP数据核字(2023)第015481号

审图号：GS（2021）6133号

丛 书 名	中国水利水电科普视听读丛书
书　　名	节约用水 JIEYUE YONGSHUI
作　　者	中国水利水电科学研究院 组编 李海红 主编
封面设计	杨舒蕙 许红
插画创作	杨舒蕙 许红
排版设计	朱正雯 许红
出版发行	中国水利水电出版社 （北京市海淀区玉渊潭南路1号D座 100038） 网址：www.waterpub.com.cn E-mail:sales@mwr.gov.cn 电话：（010）68545888（营销中心）
经　　售	北京科水图书销售有限公司 电话：（010）68545874、63202643 全国各地新华书店和相关出版物销售网点
印　　刷	天津画中画印刷有限公司
规　　格	170mm×240mm 16开本 10.75印张 119千字
版　　次	2023年5月第1版 2023年5月第1次印刷
印　　数	0001—5000册
定　　价	68.00元

凡购买我社图书，如有缺页、倒页、脱页的，本社营销中心负责调换

《中国水利水电科普视听读丛书》

主　　任　匡尚富

副 主 任　彭　静　李锦秀　彭文启

主　　任　王　浩

委　　员　丁昆仑　丁留谦　王　力　王　芳

（按姓氏笔画排序）　王建华　左长清　宁堆虎　冯广志

　　　　　　　朱星明　刘　毅　阮本清　孙东亚

　　　　　　　李贵宝　李叙勇　李益农　杨小庆

　　　　　　　张卫东　张国新　陈敏建　周怀东

　　　　　　　贾金生　贾绍凤　唐克旺　曹文洪

　　　　　　　程晓陶　蔡庆华　谭徐明

《节约用水》

编写组

主　　编　　李海红

副 主 编　　赵　勇

参　　编　　秦长海　王丽珍　姜　珊　何国华

丛 书 策 划　　李亮

书 籍 设 计　　王勤熙

丛书工作组　　李亮　李丽艳　王若明　芦博　李康　王勤熙　傅洁瑶
　　　　　　　　芦珊　马源廷　王学华

本 册 责 编　　王勤熙　李亮

党中央对科学普及工作高度重视。习近平总书记指出："科技创新、科学普及是实现创新发展的两翼，要把科学普及放在与科技创新同等重要的位置。"《中华人民共和国国民经济和社会发展第十四个五年规划和2035年远景目标纲要》指出，要"实施知识产权强国战略，弘扬科学精神和工匠精神，广泛开展科学普及活动，形成热爱科学、崇尚创新的社会氛围，提高全民科学素质"，这对于在新的历史起点上推动我国科学普及事业的发展意义重大。

水是生命的源泉，是人类生活、生产活动和生态环境中不可或缺的宝贵资源。水利事业随着社会生产力的发展而不断发展，是人类社会文明进步和经济发展的重要支柱。水利科学普及工作有利于提升全民水科学素质，引导公众爱水、护水、节水，支持水利事业高质量发展。

《水利部、共青团中央、中国科协关于加强水利科普工作的指导意见》明确提出，到2025年，"认定50个水利科普基地""出版20套科普丛书、音像制品""打造10个具有社会影响力的水利科普活动品牌"，强调统筹加强科普作品开发与创作，对水利科普工作提出了具体要求和落实路径。

做好水利科学普及工作是新时期水利科研单位的重要职责，是每一位水利科技工作者的重要使命。按照新时期水利科学普及工作的要求，中国水利水电科学研究院充分发挥学科齐全、资源丰富、人才聚集的优势，紧密围绕国家水安全战略和社会公众科普需求，与中国水利水电出版社联合策划出版《中国水利水电科普视听读丛书》，并在传统科普图书的基础上融入视听元素，推动水科普立体化传播。

丛书共包括14本分册，涉及节约用水、水旱灾害防御、水资源保护、水生态修复、饮用水安全、水利水电工程、水利史与水文化等各个方面。希望通过丛书的出版，科学普及水利水电专业知识，宣传水政策和水制度，加强全社会对水利水电相关知识的理解，提升公众水科学认知水平与素养，为推进水利科学普及工作做出积极贡献。

丛书编委会

2022年12月

水是生产生活中必不可少的要素。水资源时空分布不均、总量大、人均少、与生产力布局不相匹配是我国基本水情。随着经济社会的迅速发展，我国用水量激增，水资源紧缺逐渐成为经济可持续发展的制约性因素。节约用水，采用各种措施减少水的无效或低效损失和消耗，从而提升水的利用效率，防止水的浪费，进而降低不合理的用水需求，是破解缺水问题的关键所在。同时节水还可以减少废、污水入河量，提高污水处理效率，提升水环境质量。我国节水工作始于 20 世纪五六十年代农业节水，工业节水和城市生活节水工作始于 20 世纪 70 年代末 80 年代初。发展到 2000 年，主要是以微观行业工程技术节水为主。2000 年 10 月，《中共中央关于制定国民经济和社会发展第十个五年计划的建议》提出"建立节水型社会"。2000—2015 年，是节水型社会建设工作迅速推进的阶段，除了微观技术节水，更强化了多途径全过程的用水管理。2016 年至今，节水的内涵和路径进一步扩大，包括生产、消费、贸易的全口径节水。节水工作繁杂而琐碎，涉及千家万户、各行各业，因此节水工作需要全社会每一个人的参与才能真正做好。

本分册系统回顾了我国节水工作必要性、发展历程以及取得的成效，介绍了在农业生产、工业生产以及日常生活中，应当如何去节水，旨在让读者更为系统地了解节水工作，进而更加积极参与和推进节水工作。

本分册共八章。第一章讲述了节水的背景与必要性，即为什么要节水；第二章梳理了我国节水工作的发展历程、取得的成效以及新时期的节水要求；第三章至第五章，分别从农业生产、工业生产以及日常生活角度讲述怎么节水；第六章介绍了非常规水利用的情况；第七章分行业展望了我国未来节水技术的发展；第八章为结语。

本分册由李海红、赵勇、秦长海、王丽珍、姜珊、何国华编写，王建华主审，阎烁参与了部分统稿工作。出版社李亮编审和王勤熙编辑对书稿的撰写提出了诸多宝贵意见，在此一并衷心致谢！由于时间和编者水平有限，书中仍存在不足之处，敬请广大读者批评指正。

编者

2023 年 3 月

目 录

序

前言

◆ **第一章 为什么要节水**

◆ **第二章 我国的节水工作**

第一章

为什么要节水

水是生命之源、生产之要、生态之基。不仅工业、农业的发展要靠水，水更是城市发展、人民生活的生命线。水是一切生命过程中不可替代的基本要素，也是维系国民经济和社会发展的重要基础资源。

◎ 第一节 我国缺不缺水

现在，全球各国家都或多或少存在着能源、水源、食物、人口等多种危机，其中危机程度最严重、影响范围最广的就是水资源的相对短缺。对于一个国家或地区而言，经济越发展，其对水资源的需求量越大，因而越容易出现水资源短缺问题。我国人多水少、降水时空分布不均，同时还存在公众节水意识不够强、水资源利用效率与国际先进水平仍有一定差距等问题，因而水资源供需矛盾较为突出。

一、从总量看，我国水不少

我国水资源总量是非常可观的。从全球的角度来看，全球可再生淡水资源每年为 42.7 万亿米^3，全球陆地面积为 1.34 亿千米^2，单位面积淡水资源为 319 毫米 / 年。再回过头来看我们国家，我国

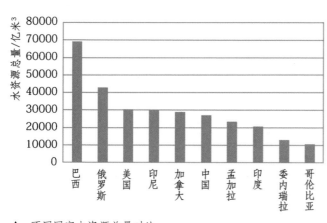

▲ 不同国家水资源总量对比

可再生淡水资源每年为 2.8 万亿米^3，占全球总量的 6.55%，国土面积为 960 万千米^2，单位面积淡水资源为 292 毫米 / 年，相当于全球平均值的 91.5%，也就是说和全球平均值相差不多。

二、从人均看，我国水不多

由于我国人口众多，人口密度是全球平均值的 3 倍。因此，人均淡水资源仅 2200 米^3，不足全世界的 1/3，居世界第 110 位，而北方地区人均水资源量更少。再来看看国土面积和我国差不多的美国，

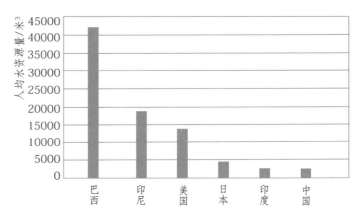

▲ 不同国家人均水资源量对比

它们单位面积淡水资源为 317 毫米 / 年，而其人口密度仅为我国的近 1/5，因此美国人均水资源量约为我国的 5 倍。

三、从降水时间分布看，开发难度大

我国是世界上中低纬度降水和河川径流年内集中程度高，年际年内变化大的国家之一。60% ～ 80% 的降水量集中在汛期，特别是北方地区集中程度更高，来水过程与需水过程需求很不协调，绝大多数地区用水需要通过工程调蓄来满足。水资源的年际

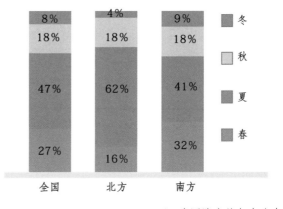

▲ 我国降水的年内分布

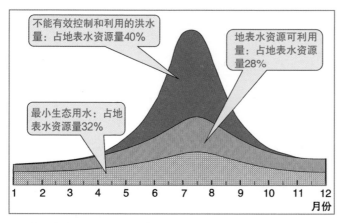

不能有效控制和利用的洪水量：占地表水资源量40%

地表水资源可利用量：占地表水资源量28%

最小生态用水：占地表水资源量32%

1 2 3 4 5 6 7 8 9 10 11 12
月份

▲ 我国水资源量的年内分布

变化很大，南方地区最大和最小年降水量一般相差 2～3 倍，北方地区则相差 3～6 倍，且往往出现连续丰水年或连续枯水年的情况，这使得我们国家水资源开发利用的难度更大了。

四、从地区分布看，严重不均衡

我国多年平均年降水深为 650 毫米，大约相当于学生课桌的高度。我国降水的地区分布很不均匀，总体呈由东南到西北逐渐减少的格局。其中，我国东西部水资源分布也极不均匀，东南沿海部分地区年降水深超过 2000 毫米，台湾岛北部和东南部部分地区年降水深超过 3000 毫米，而雅鲁藏布江下游的雅鲁藏布大峡谷年降水深可达 6000 毫米以上，堪称"中国雨极"。对比之下，全国约 1/4 的国土面积年降水深在 200 毫米以下，主要位于西北地区；吐鲁番盆地以及塔里木盆地、准噶尔盆地等部分地区年降水深甚至不足 25 毫米。

我国山丘区降水深普遍大于平原区。因降水深的多少主要依赖成雨条件，除了与空气中水汽含量有关外，还受气流上升运动强弱的影响。山区地形给空气抬升、冷却提供了有利条件，湿润气流遇到山体阻挡被迫抬升容易形成地形雨，因而在相近的水汽条件下，山区降水往往比平原多，迎风坡降水比背风坡多。山丘区多年平均年降水深 770 毫米，折合水量占全国的 85.2%；平原区多年平均年降水深 343 毫米，折合水量占全国的 14.8%，山丘区多年平均年降水深是平原区的 2 倍。

　　按照南北方分区来看，南方地区降水整体多于北方地区，多年平均值分别为 1214 毫米和 328 毫米。在各水资源分区中，东南诸河区降水深最大，多年平均值达 1787 毫米；西北诸河区多数地区干旱少雨，多年平均年降水深仅约 161 毫米。在各省级行政区中，位于我国东南部的台湾省多年平均年降水深最大，超过 2500 毫米，而位于我国西北的新疆维吾尔自治区多年平均年降水深最少，仅约 150 毫米。

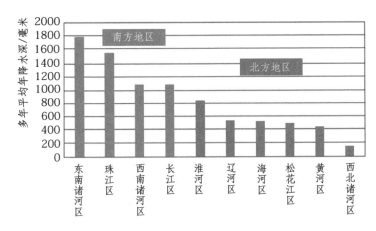

▲ 我国各水资源一级区多年平均年降水深（1956—2000 年）

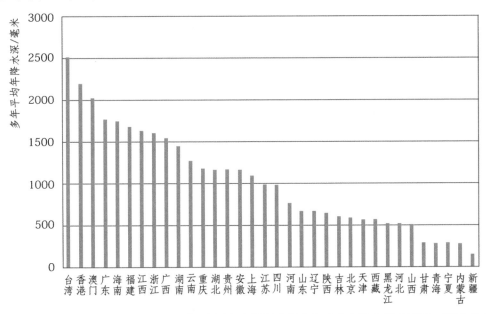

▲ 我国各省级行政区多年平均年降水深（1956—2000 年）

降水空间分布的特点决定了我国地表水资源量地区分布表现为南方水多、北方水少。北方地区面积占全国的64%，地表水资源量为4365亿米³，占全国的16%；南方地区面积占全国的36%，地表水资源量为22963亿米³，占全国的84%。十分湿润区面积不到全国的6%，而其多年平均径流量占全国的27%；干旱区面积约占全国的25%，但其多年平均径流量仅占全国的0.8%。

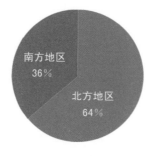 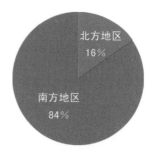

（a）国土面积占比　　　　（b）地表水资源量占比

▲ 水资源的空间分布

五、从供需对比看，缺水形势很严峻

缺水是一个差值，即用水需求和水资源实际供给之间的差值。我国600多个城市中，有近400个城市缺水，其中一半以上的城市严重缺水。北京、上海、广州、武汉等对我国经济社会文化生活有重大影响的城市，无论地处北方或南方，皆处于缺水状态；缺水给全国城市工业产值每年造成的直接损失已达2000亿元以上，并一直呈现快速增长态势。

那么不同地区的缺水，有没有差别呢？同样是缺水，不同地区的缺水原因也不尽相同。我国的水资源短缺大体上可分为资源型缺水、工程型缺水、水质型缺水和管理型缺水四种类型。

1. 资源型缺水

如京津、华北、西北地区及辽河流域、辽东半岛等地区，因当地水资源总量少，不能适应经济发展的需要而造成水资源供需矛盾加剧，属资源型缺水。

（a）资源型缺水

2. 工程型缺水

如长江流域、珠江流域、松花江流域、西南诸河流域以及南方沿海等地区，水资源总量并不短缺，但由于地形、地貌和地质条件复杂，山高坡陡，工程建设无法跟进导致缺乏水利设施而留不住水，属工程型缺水。

（b）工程型缺水

3. 水质型缺水

如珠江三角洲地区，尽管水量十分丰富，享有水乡之美誉，但由于水质受到不同程度的污染，清洁水源严重不足，属水质型缺水。

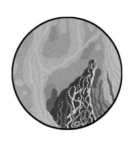

（c）水质型缺水

4. 管理型缺水

管理型缺水是指由于管理的原因如水资源管理体制不健全，导致用水方式粗放，效率不高，用水浪费等，使水资源供给不能满足需求。

但在实际中，某地区的缺水原因可能不止一种，也有可能是上述几种类型的组合。如北京、天津等大城市，会同时产生资源型缺水和水质型缺水问题；西南和南方各省份水资源分布不均匀，有局部缺水现象，而且多数河道受到不同程度的污染，不能提供达标的生活工业和农业用水，形成水质型缺水；西北等缺水地区，同时存在水土流失、水污染等问题，又加剧了这些地区的水资源短缺。

（d）管理型缺水

▲ 我国水资源短缺的四种类型

知识拓展

为什么人们日常很少会感觉到缺水？

很多人常常会有这样的感受：我们从小被教导"淡水资源很少，需要节约用水"，但生活中却很少有缺水的情况出现。难道是我们已经不缺水了吗？答案显然不是。我国是非常缺水的国家，特别是北方地区，缺水情况更为严重。我们在现如今的生活中很少体会到缺水状况，主要有以下两大原因。

（1）国家战略级水利工程缓解局部缺水问题。如大家耳熟能详的南水北调工程，通过东、中、西三条线路将水调配到水资源欠缺的地区，实现了我国水资源南北调配、东西互济的合理配置格局，从而让很多缺水地区告别了"缺水感"。

（2）国家优先保障居民生活用水。人们日常生活用水占国家总用水的比例较低。如2020年，我国经济社会用水总量为5812.9亿米^3，其中生活用水仅占15%左右，而且我们国家是优先保障居民生活用水的，因此人们日常生活中很少会体会到缺水的情况。

如果存在缺水的状况，为了弥补供水不足和保障发展，过去许多地区以牺牲生态环境为代价，过度开发水资源，通过超采地下水和挤占河道内生态环境用水来保证社会经济用水，所以说经济社会的缺水往往都先转嫁给了生态系统，其次才是农业缺水，只有缺水发展到非常严重的时候，才会影响到工业用水和生活用水。

六、从发展需求看，严峻形势还会加剧

第七次全国人口普查结果显示，2021 年我国人口总数约 14 亿人。预计到 2030 年，我国人口总量将达到 15 亿人，到那时人均水资源量将不足 1900 米^3。从我国用水发展来看，生活用水处于持续增加的趋势，同时生活用水的保障率要求高，水质标准要求高，因此未来高标准供水量仍会有一定程度的增长，预计到时候我国水资源供求压力将会更加突出。

◎ 第二节　缺水问题如何解决

解决任何"短缺"问题，一般都采用两种途径：一是扩大供给，二是降低需求，进而实现供与需的匹配。解决缺水问题也是如此。

从供给侧来讲：针对资源型缺水，可以通过跨流域、跨区域调水，增加区域的水资源量来解决；针对工程型缺水，可以通过修建调蓄工程，提升水资源供给能力来解决；针对水质型缺水，可以通过减少污染排放，增强河道水流动性，提升水体水质来解决；针对管理型缺水，可以通过健全水资源管理体制，提高用水效率来解决。

从需求侧来讲就是要节水，通过各种措施提高水资源利用效率与效益，降低经济社会发展对水资源的依赖，进而解决我国水资源短缺问题，保障社会经济的稳定发展与水资源的可持续利用。

▲ 南水北调工程是我国一项解决资源型缺水的重大跨流域、跨区域调水工程

9

◎ 第三节 我国用水效率和效益怎么样

本节以 2020 年为例，分析我国用水效率情况。2020 年，我国经济社会用水总量为 5812.9 亿米³，比 2019 年减少 200 亿米³左右。全国人均年用水量为 412 米³，人均用水量最少的地区是北京和天津，分别为 185 米³和 201 米³，人均用水量最多的地区是新疆维吾尔自治区，为 2218 米³。从人均用水量数据上看，地区差异非常明显。

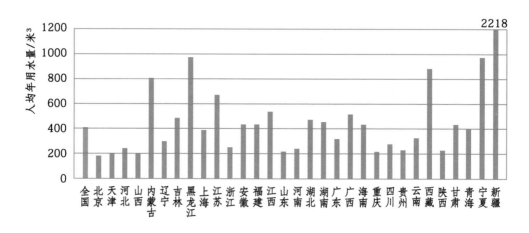

▲ 2020 年我国各省级行政区与全国人均年用水量（未计香港、澳门、台湾地区）

一、1 米³水能产生多大的经济效益？

2020 年，我国万元 GDP 用水量为 57.2 米³，万元工业增加值用水量为 32.9 米³，即 1 米³的水支撑产生 175 元的 GDP，如果用在工业上，会支撑形成 304 元工业增加值。如果用在农业上，大约会种植出 1 千克的粮食。同样，全国各省（自治区、直辖市）之间仍有非常大的差距。如北京市万元 GDP 用水量仅为 11.2 米³，而新疆维吾尔自治区高达 413 米³，是北京市的 37 倍。

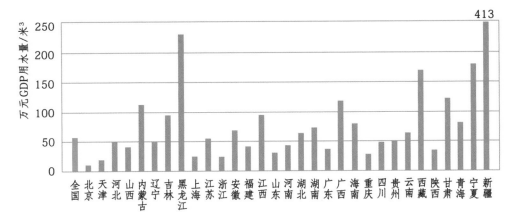

▲ 2020 年我国各省级行政区与全国万元 GDP 用水量（未计香港、澳门、台湾地区）

二、日常生活需要多少水？

2020 年，我国城镇居民生活用水平均每人每天为 207 升，包括居民家庭生活、服务业和市政用水等。如果仅算居民家庭内部用水，则每人每天约用水 134 升，主要用于清洁、烹饪、冲厕、沐浴等。而农村居民生活用水量稍微少一些，每人每天用水约为 100 升。

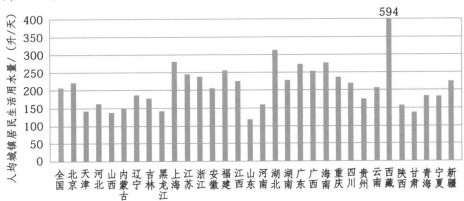

▲ 2020 年我国各省级行政区与全国人均城镇居民生活用水量（未计香港、澳门、台湾地区）

11

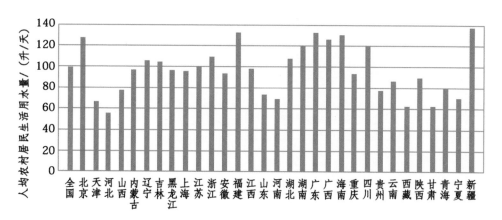

▲ 2020年我国各省级行政区人均农村居民生活用水量(未计香港、澳门、台湾地区)

◎ 第四节 哪些因素影响用水效率和效益

　　简单来讲,"把水用在哪儿"和"怎么用水"决定了用水效率和效益。以我们日常生活中的物品为例,据测算,生产1片2克重的芯片,大约需要32升的水;生产1千克小麦大约需要1吨水;生产1条牛仔裤大约需要6吨水;生产1千克牛肉大约需要15～30吨水❶。因此不同的产业、不同的生产流程等原因会产生不同的用水效率和效益。

　　再以北京市和新疆维吾尔自治区为例,为什么1米³水的产出差异那么大呢? 原因主要有两方面:①产业结构不同,即水用在了不同的地方;②用水方式不同,这导致了用水效率不同。

----

❶ 引自大型文献纪录片《水脉》第一集《奔流不息》。

2020年北京市三产结构，即农业、工业和服务业比重为0.4：15.8：83.8，用水结构，即农业、工业、生活、生态环境用水的比例为8：8：42：42，而新疆维吾尔自治区三产结构比例为14.4：34.4：51.2，用水结构比例为87：2：3：8。也就是说北京市有8%的水用到农业上，而新疆则有87%的水用到农业上。两地用水效率也存在很大差别，以农业灌溉用水为例，北京市每亩灌溉水量为119米^3，而新疆为547米^3。

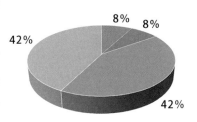

（a）北京市

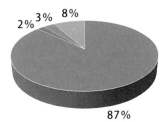

（b）新疆维吾尔自治区

▲ 用水结构对比

◎ 第五节 什么是"节水"

　　节约用水，又称节水，是指通过行政、技术、经济等管理手段加强水管理，调整用水结构，改进用水方式，科学、合理地用水，提高水的利用率，避免水资源的浪费。特别要在全民中做好宣传，利用"世界水日""中国水周"等活动，教育每个人要在日常工作或生活中科学用水、自觉节水，达到节约用水，人人有责。节约用水要从点滴做起，看似是一滴水，但是其中的学问很深。节约用水和我们的生活密切相关。例如，洗浴时，间断放水淋浴，搓洗时及时关水，避免过长时间冲淋，盆浴后的水可用于洗车、冲洗厕所、拖地等；洗手时，控制水龙头流量，改不间断冲洗为间断冲洗，洗手洗脸用水用盆接，之后的水冲厕所等，都是节约用水。

小贴士

《全国水资源规划纲要（2001—2010）》将节水定义为"在不降低人民生活质量和社会经济发展能力的前提下，采取综合措施，减少取用水过程的损失、消耗和污染，杜绝浪费，提高水的利用效率，科学合理和高效利用水资源"。

《开展节水型社会建设试点工作指导意见》将节水界定为"采取现实可行的综合措施，减少水资源的消耗、浪费和污染，提高水的利用效率，以保证经济社会发展对水资源的需求"。

知识拓展

国家节约用水标志

2001年3月22日，在水利部举办的以"建设节水型社会，实现可持续发展"为主题的纪念第九届"世界水日"暨第十四届"中国水周"座谈会上，国家节水标志正式揭牌，这标志着我国从此有了宣传节水和对节水型产品进行标识的专用标志。

国家节约用水标志由水滴、手和地球变形而成。绿色的圆形代表地球，象征着节约用水是保护地球生态环境的重要环节。标志留白部分像一只手托起一滴水。手是字母J、S（"节水"二字拼音首字母）的变形，象征人人动手来节约每一滴水；手又像一条蜿蜒的河流，寓意滴水汇成江河。

▲ 国家节约用水标识

◎ 第六节 节水体现在哪些方面

节水主要体现在宏观、中观和微观三个层面。其中，宏观层面体现在水与经济系统的协调性，中观层面体现在水资源配置的合理性，微观层面体现在水资源开发利用的各个环节的高效性。

一、宏观层面

节水在宏观层面体现在水与经济系统的协调性，包括区域经济社会系统的发展理念、发展方式、经济结构、产业布局、水公共政策、管理体系、水市场经济以及社会公众意识等与水资源系统状况相适应。

（1）在区域的发展方向上，按照量水而行、以水定发展的思路进行规划。

▲ 2020 年我国农业灌溉用水量占全国总用水量的 62%

（2）在经济的发展方式上，充分考虑水资源的承载能力，按照减量化、再利用、再循环的原则利用水资源。

（3）在经济结构和产业布局上，要在传统水随产业走的配置思路中，充分考虑水资源条件，加入产业随水走的基本理念，以实现经济结构布局与水资源条件的协调。

（4）在水公共政策方面，要建立和完善科学严格的水资源配置、节约和保护的管理制度体系。

（5）在水市场经济方面，要建立起完善的水资源价格和水市场，促进水资源节约与保护的激励政策系统完善。

（6）在社会公众意识方面，形成水资源节约保护的价值理念、社会观念和文化氛围。

二、中观层面

从中观层面上看，节约用水的判断标准主要体现在供水水源和用水户两端水资源配置是否合理。

▲ 作为全国再生水利用最好的地区，2020年北京市的再生水约占总供水量的30%

其中，供给端主要包括当地地表水、地下水、雨洪水、再生水等非常规水源以及外调水源之间的合理配置；用户端主要是不同水源在不同地区、不同行业和不同用户配置上的合理性，包括水量和水质两方面。

水资源配置的合理

性主要通过用水效益高低来衡量，水资源配置力求实现包括经济效益、社会效益、生态效益在内的整体效益最优化。其中，经济效益可以用单方水的经济产值或增加值表示；社会效益核心是体现在全社会福利提升的公平性方面，具体可以从促进生活质量、收入水平均衡发展方面进行衡量；生态效益可以从单方水的生态环境效益产出进行度量。

三、微观层面

水资源利用微观高效特征主要体现在水资源开发利用的取水、输水、供水、配水、用水、排水和回用水等各个环节的低损失和低浪费方面，突出表现在供水和输配水系统的有效性，各行业用水技术、工艺、设施和器具的先进性以及用户用水行为的规范等。具体通过各行业用水效率指标的高低来衡量，如用渠系水有效利用系数、管网漏失率来表征输配水系统的效率；用亩均灌溉用水量、工业水重复利用率和生活节水器具普及率等表征农业、工业和生活用水效率；用单位产品的用水定额表示综合效率等。

▲ 供水管网漏失的水量占所有供水量的比例称为管网漏失率

◎ 第七节 如何推进节水工作

在节水工作的推进过程中，政府、市场和公众是三个不可或缺的主体。其中，政府是"掌舵者"和"引擎"，市场是"划桨手"，公众既是"乘客"也是"推动者"。这三种主导力量分别通过权力机制、价格机制和参与机制发挥着各自的作用。权力机制以保障水资源分配的公正性为导向，肩负整体性、超越性的协调和规划职能，如制度建设、规划调控、监测保护等；价格机制是市场最重要的调解手段，以追求效率为主要目标，在资源稀缺约束和水权明晰的前提下，通过价格机制调节，达到对水资源的有效利用；参与机制以平等为目标，在水量分配、水价制定等环节，充分发挥监督和协商的作用，表达不同诉求并实现程序正义的原则。

在节水工作中，单一的作用机制都可能导致"政府失灵""市场失灵"或"志愿失灵"问题，必须通过其他机制来加以调节和克服，构建国家、市场、社会三种力量相互协调的治理框架和有效的互动网络。因此，政府、市场和公众是节水工作的三元主体，这里所说的公众不仅仅是自然人的个体，也包括非政府组织（NGO）等社会个体的公众。

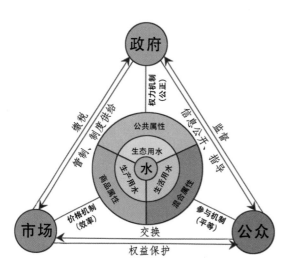

▲ 节水三元主体及其作用机制

一、政府的功能

（1）政府定期组织开展水资源评价，制定水资源规划，编制水资源合理配置和节水型社会建设方案；确定经济社会发展规划布局，推进与水资源承载能力相匹配的经济结构体系建设；推进节水技术标准体系建设，统一调度和统一管理水资源。

（2）贯彻国家水管理政策法规，开展节水制度建设；推进节水管理组织机构建设，引导和规范各种用水组织的建立；加强政治领导，层层落实各级行政岗位的目标责任制，实施节水评估和考核。

（3）组织筹集公共资金，兴建以公益性为主的骨干配置工程；推进和引导各行业节水基础设施建设和设施改造。

（4）建立信息发布平台和机制，及时向全社会披露水信息；开展广泛的宣传和教育活动，提高全民节水意识和技能；提供节水公共服务。

（5）加强水价格与市场监管，协调节水各方面的利益冲突，调整改革策略，总结和推广经验。

为增强全民节约用水意识，引领公民践行节约用水责任，推动形成节水型生产生活方式，保障国家水安全，促进高质量发展，2021年12月9日，水利部、中央文明办、国家发展和改革委员会、教育部、工业和信息化部、住房和城乡建设部、农业农村部、国管局、共青团中央、全国妇联10部门联合发布《公民节约用水行为规范》，从"了解水情状况，树立节水观念""掌握节水方法，养成节水习惯""弘扬节水美德，参与节水实践"三方面对公众的节水意识、用水行为、节水义务提出了朴素具体的要求。节约用水涉及全社会各行业领域，需

▲ 2022年"中国水周"宣传海报之一——践行《公民节约用水行为规范》

要全体公民共同行动。发布《公民节约用水行为规范》，有利于强化公众节水意识，促进形成节水型生产生活方式和消费模式，推进全社会形成节约用水、合理用水的良好风尚。

二、市场的功能

1. 信息引导功能

通过价格信号，引导公众正确认识水资源价值、稀缺性和水情势，促进水信息在社会快速传播与普及。

2. 供需调节功能

通过阶梯水价、水资源税等经济杠杆，抑制用水需求，调节供需关系，促进水资源供需平衡。

3. 提高效率功能

通过水价及其他的经济激励政策，促进用水结构优化，普及节水措施，引导资源的合理流动和有效利用，提高水资源利用效率和效益。

4. 资源配置功能

通过二级有偿转让或水交易市场的建立，实现水资源行政配置框架下的水资源二次优化配置。

知识拓展

什么是阶梯水价？

阶梯水价是对使用自来水实行分类计量收费和超定额累进加价制的俗称。阶梯水价充分发挥市场、价格因素在水资源配置、水需求调节等方面的作用，拓展了水价上调的空间，增强了企业和居民的节水意识，避免了水资源的浪费。

阶梯式计量水价将水价分为两段或者多段，每一分段都有一个保持不变的单位水价，但是单位水价会随着耗水量分段的变化而变化。阶梯水价的基本特点是用水越多，水价越贵。

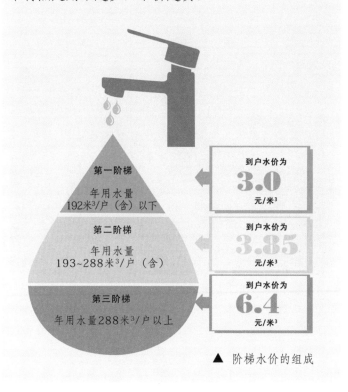

第一阶梯
年用水量
192米³/户（含）以下

到户水价为
3.0
元/米³

第二阶梯
年用水量
193~288米³/户（含）

到户水价为
3.85
元/米³

第三阶梯
年用水量288米³/户以上

到户水价为
6.4
元/米³

▲ 阶梯水价的组成

三、公众的功能

（1）社会节水功能：每一个人的生活都离不开水，服务业、工业、农业生产处处会用到水。公众是生活节水的实施主体。

（2）参与配置功能：通过利益表达机制，直接或是间接参与水资源的一次行政配置或是二次的市场配置。

（3）影响公共政策功能：通过听证会等相关渠道，影响节水相关公共政策与制度的制定。

（4）自我组织管理功能：通过行业用水者协会等平台，实现特定区域行业用水和节水的自我管理。

（5）社会监督功能：参与节水规划实施、制度建设、建设绩效以及公众节水等方面的社会监督。

▲ 上海市属供排企业服务区域居民用户水价听证会

第二章

我国的节水工作

◎ 第一节 我国节水工作发展历程

节水型城市

国家节水型城市是贯彻落实《国务院办公厅关于开展资源节约活动的通知》（国办发〔2004〕30号）精神，按照《住房城乡建设部国家发展改革委关于印发〈国家节水型城市申报与考核办法〉和〈国家节水型城市考核标准〉的通知》（建城〔2018〕25号）要求，经各省、自治区、直辖市建设厅、发展和改革委员会初步考核，住房和城乡建设部、国家发展改革委组织专家评审、现场考核验收合格而命名的城市。

一、开始于 20 世纪的节水工作

我国节水工作的开展历时已久，自 20 世纪六七十年代开始便开展了以渠道防渗、平整土地、改畦等措施为主的农业节水工作。1983 年的全国第一次城市节约用水会议是我国强化节水管理的重要标志。国家"七五"计划把有效保护和节约使用水资源作为长期坚持的基本国策，并在 1988 年的《中华人民共和国水法》中以法律形式固定化。1990 年的全国第二次城市节约用水会议，提出创建"节水型城市"的要求。1997 国务院审议通过的《水利产业政策》，规定各行业、各地区都要贯彻各项用水制度，大力普及节水技术，全面节约各类用水。

二、节水型社会建设的提出

我国单项节水经历了较长的发展历程，然而我国水资源问题是一个典型的、综合的社会问题，表现为"源头—过程—末端"全过程和社会环境的整体缺陷，单一的节水已经不能解决我国当前面临的复杂的水资源问题，因此节水型社会建设孕育而生。

2000 年发布的《中共中央关于制定国民经济和社会发展第十个五年计划的建议》，是中央文件第一次明确提出建设节水型社会；2002 年修订的《中华人民共和国水法》第八条规定："国家厉行节约用水，大力推行节约用水措施，推广节约用水新技术、新工艺，发展节水型工业、农业和服务业，建立节

水型社会"，节水型社会以法律形式被固化，我国
节水型社会建设历程也由此拉开帷幕。

2002 年 2 月，水利部印发《关于开展节水型社
会建设试点工作指导意见的通知》，通知指出："为
贯彻落实《水法》，加强水资源管理，提高水的利
用效率，建设节水型社会，我部决定开展节水型社
会建设试点工作。通过试点建设、取得经验、逐步
推广，力争用 10 年左右的时间，初步建立起我国节
水型社会的法律法规、行政管理、经济技术政策和
宣传教育体系"，强调了试点工作的重要性。同年
3 月，甘肃省张掖市被确定为全国第一个节水型社
会建设试点，自此确定了以试点建设为推进国家节
水型社会建设的基本方式。

知识拓展

张掖市 —— 第一个国家级节水型社会试点建设的意义

建设节水型社会是缓解我国水资源问题的根本
途径，作为全国第一个节水型社会建设试点，张掖
市的探索是史无前例的。经过几年探索，张掖市以
其生动的社会实践初步回答了以下两个问题。

一是能不能建设节水型社会的问题。通过水权
制度的建设和经济结构的战略调整，张掖市实现了
节水、增效和增收有机结合，实现了经济社会发展、
资源节约和生态保护的战略统一。张掖市通过节水

型社会建设实践证明，只要坚持改革和创新，节水型社会不仅能够实现，而且大有可为。

二是什么是节水型社会的问题。总结张掖市试点实践，节水型社会至少应具备三重特征：一是公众普遍具有良好的节水意识；二是形成了与水资源承载能力相适应的生产模式和生活方式，水资源利用宏观和微观效率和效益较高；三是具有一套保障节水型社会良性可持续运行的制度体系。

▲ 流经张掖市的黑河

三、节水型社会建设的蓬勃发展

2003 年 12 月，水利部发布《关于加强节水型社会建设试点工作的通知》，对我国各地区开展节水型社会建设工作提出五点要求：一是进一步提高对节水型社会建设试点工作的认识；二是学习张掖市经验，切实理清思路；三是因地制宜确定试点，积极探索节水型社会建设途径；四是与区域水资源综合规划编制相结合，部署开展节水型社会建设试点工作；五是加强研究，广泛宣传，奠定和营造节水型社会建设试点工作的科学基础和社会氛围。

2004 年 11 月，水利部正式启动了"南水北调东中线受水区节水型社会建设试点工作"；2006 年 5 月，国家发展和改革委员会与水利部联合批复了《宁夏节水型社会建设规划》；2007 年 1 月，国家发展和改革委员会、水利部和建设部联合批复了《全国"十一五"节水型社会建设规划》；2006 年，水利部启动实施了全国第二批 30 个国家级节水型社会建设试点，这些不同类型的新试点建设内容各有侧重，通过示范和带动，深入推动了全国节水型社会建设工作；2008 年 6 月，启动实施了全国第三批 40 个国家级节水型社会建设试点；2010 年 7 月，启动实施了全国第四批 18 个国家级节水型社会建设试点。

2002—2010 年，全国共批复实施了 100 个国家级试点建设，至 2014 年，试点全部通过验收。与此同时，全国还建设了将近 200 个省级节水型社会试点。各地区通过试点期建设逐步探索适合于本区域水资源管理特点和需求的节水型社会建设模式。

▲ 由全国节约用水办公室、水利部水资源管理中心编写出版的《全国节水型社会建设经验集萃》

四、"节水优先"提出与落实

2014年3月，习近平总书记提出了"节水优先、空间均衡、系统治理、两手发力"的治水新思路。2014年10月，国家发展和改革委员会、财政部、水利部、农业部发布《关于印发深化农业水价综合改革试点方案通知》，在全国27个省选择80个县试点农业水价综合改革。

2016年1月，国务院办公厅印发《关于推进农业水价综合改革的意见》。2016年4月，国家发展改革委联合水利部、工业和信息化部、住房和城乡建设部、国家质检总局、国家能源局印发《关于印发<水效领跑者引领行动实施方案>的通知》。

2016年10月，国家发展和改革委员会联合水利部、住房和城乡建设部、农业部、工业和信息化部、科技部、教育部、国家质检总局、国家机关事务管理局等部委以发改环资〔2016〕2259号文印发《全民节水行动计划》。2016年7月，国家发展改革委联合水利部、税务总局印发《关于推行合同节水管理促进节水服务产业发展的意见》。2016年10月，水利部、国家发展改革委关于印发《"十三五"水资源消耗总量和强度双控行动方案》的通知。2016年10月28日，国家发展改革委等九部委以发改环资〔2016〕2259号文印发《全民节水行动计划》。

2017年1月，国家发展和改革委员会联合水利部、住房和城乡建设部发布《节水型社会建设"十三五"规划》，提出"至2020年，全国万元国内生产总值用水量和万元工业增加值用水量较2015年分别降低23%和20%，农田灌溉水有效利用系数提高到55%以上"。

2017年6月为深入贯彻节水优先方针，落实2017年中央一号文件要求，全面推进节水型社会建设，水利部印发了《关于开展县域节水型社会达标建设工作的通知》（水资源〔2017〕184号），在全国范围内开展县域节水型社会达标建设工作。

▲ 云南大理祥云县开展县域节水型社会达标建设（引自祥云时讯公众号）

2017年10月，党的十九大报告中明确提出要实施国家节水行动，水利部、国家发展和改革委员会均在部署相关工作。2018中央一号文件《中共中央国务院关于实施乡村振兴战略的意见》指出要坚定推进农村治污与节水。2019年4月，国家发展和改革委员会、水利部关于印发《国家节水行动方案》的通知。2019

▲ 2021年3月，云南水文资源局红河分局组织开展"节水中国 你我同行"主题宣传活动

年4月，《水利部关于开展规划和建设项目节水评价工作的指导意见》印发施行。2019年6月，《国家节水行动方案》印发，各地区积极推进区域节水行动。

五、什么是节水型社会建设

节水型社会和通常讲的节水，既互相联系又有很大区别。无论是传统的节水，还是节水型社会建设，都是为了提高水资源的利用效率和效益，这是它们的共同点。但要看到，传统的节水，更偏重于节水的工程、设施、器具和技术等措施，偏重于发展节水生产力,主要通过行政手段来推动。而节水型社会的节水,主要通过制度建设,注重对生产关系的变革,形成以经济手段为主的节水机制。通过生产关系的变革进一步推动经济增长方式的转变,推动整个社会走上资源节约和环境友好的发展道路。

想要构建节水型社会,形成节水型的社会发展方式和先进用水文明,首先需进行源头管理,对允许取水量、耗水量和排污量进行科学界定和综合管理,在此基础上开展经济社会可用水量分配、优化经济结构和产业布局,实施面向不同用水主体需求的差别化配置管理,从根本上抑制需求,实现用水的减量化和合理化。然后通过用水全过程管控,从取水、输水、用水、排水等环节对重点用水户实施精细化监控与管理,促进水资源节约式、集约式利用,保障社会经济的可持续发展。

▲ 2018年"中国水周"宣传主题为"实施国家节水行动,建设节水型社会"

知识拓展

海绵城市

　　海绵城市是新一代城市雨洪管理概念，是指城市能够像海绵一样，在适应环境变化和应对雨水带来的自然灾害等方面具有良好的弹性，也可称之为"水弹性城市"。国际通用术语为"低影响开发雨水系统构建"，下雨时吸水、蓄水、渗水、净水，需要时将蓄存的水释放并加以利用，实现雨水在城市中自由迁移。而从生态系统服务出发，通过跨尺度构建水生态基础设施，并结合多类具体技术建设水生态基础设施，是海绵城市的核心。在新形势下，海绵城市是推动绿色建筑建设、低碳城市发展、智慧城市形成的创新表现，是新时代特色背景下现代绿色新技术与社会、环境、人文等多种因素的有机结合。

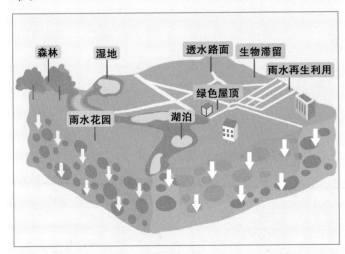

▲ 海绵城市建设示意

六、节水型社会建设取得了哪些成效

1.确立了理念

节水型社会建设战略一经提出，就在国家层面不断被强化和固化。随着节水型社会建设的深入，这一用水文明已经逐渐为公众所认知并接受。

2.试点先行取得了突出效果

建设节水型社会是中国经济社会发展主动适应资源环境承载力实施的用水方式变革。为积累经验探索模式，全国先后分4批次确立了100个国家级试点，各省区又确定了200多个省区级试点，南水北调东中线受水区、河西走廊、黄河上中游地区和东南沿海等诸多地区试点均以其生动的实践给出了各具特色的建设范例，引领我国节水型社会建设向纵深发展。

▲ 多年来，河西走廊地区积极探索，走出了一条"少用水、多采光、设施化、高效益"的特色节水农业发展之路

3. 国家范围实现了整体推进

在先期试点的基础上，国家和各省（自治区、直辖市）制定并实施了节水型社会建设"十一五""十二五""十三五""十四五"规划，国家和许多省份发布了节水型社会建设要点及其指导意见，建立了一系列节水技术标准，开展了节水绩效效果评估与考核，有力地保障了节水型社会建设的有序规范实施。

4. 各项制度措施被严格实施

自"十一五"起，万元工业增加值用水量和农业灌溉用水有效利用系数被列为国家经济社会发展的主要目标指标，其中万元工业增加值用水量下降值还被列为约束性指标；万元国内生产总值（GDP）用水量、万元工业增加值用水量也被纳入国家节能减排考核指标体系，极大地推动了节水型社会建设各项任务的落实。

节水型社会建设已从星星之火发展为燎原之势，水资源利用效率和效益显著提高，用水快速增长态势明显放缓，水资源配置得到优化，社会用水文明程度广泛提升，节水型社会已成为我国两型社会建设的前沿阵地。

七、新时期我国节水工作新要求

2014 年 3 月 14 日，习近平总书记在中央财经领导小组第五次会议上，从全局和战略的高度，对我国水安全问题发表了重要讲话，明确提出"节水优先、空间均衡、系统治理、两手发力"的新时期治水思路。2017 年党的十九大报告明确提出要实施

小贴士

什么是节水优先？

"节水优先"顾名思义就是要把节水放在其他事情之前。所谓"其他事情"包括三大方面：一是要从节水的角度确定区域经济社会规模、结构与发展方式；二是要将节水作为水安全保障的优先路径；三是要把节水工作放在水利和水务工作的优先地位。

小贴士

《国家节水行动方案》

本方案是为贯彻落实党的十九大精神，大力推动全社会节水、全面提升水资源利用效率、形成节水型生产生活方式、保障国家水安全、促进高质量发展而制定的行动方案。由国家发展和改革委员会、水利部于2019年4月15日印发并实施。

国家节水行动，2019年4月《国家节水行动方案》印发实施。2019年9月在黄河生态保护和高质量发展座谈会上，习近平总书记发表了关于实施全社会节水行动，推动用水方式由粗放向节约集约转变等相关内容的重要讲话。

◎ 第二节　21世纪以来我国用水效率的提升

2000—2020年，我国通过全面推进节水型社会建设，用水效率得到显著提高，在社会经济用水总量微量增长的基础上，保障了全社会用水安全，保证了各行业的高速稳定发展。由于产业结构、行业结构的优化，各项节水工艺、节水措施的推广，全国主要用水效率指标得到大幅提升。2020年全国万元GDP用水量和万元工业增加值用水量分别降到2000年的9.4%和11.4%。

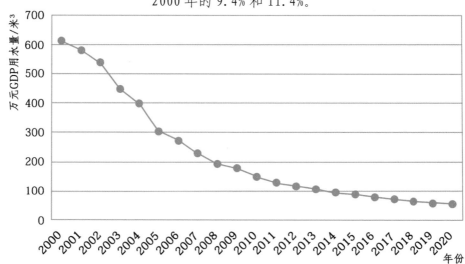

▲ 全国万元GDP用水量变化情况

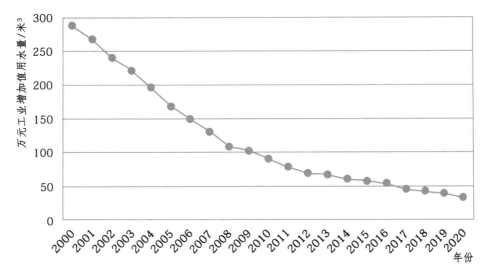

由于种植结构调整、节水灌溉工程建设以及灌溉制度优化，农业用水效率大幅提高，2020年农业灌溉水利用系数相较2000年提高了34%，全国粮食产量增加了37%，而农业用水总量减少了170亿米³。

▲ 全国万元工业增加值用水量变化情况

◎ 第三节 新时期要从哪些方面来节水

一、全过程节水

为了解决水资源供需矛盾，需要结合供水端（多水源、取水、制水、输水、配水）和用水端（用水结构、分质供水、循环用水、水产品消费习惯）进行环节分解，考虑全过程节水。

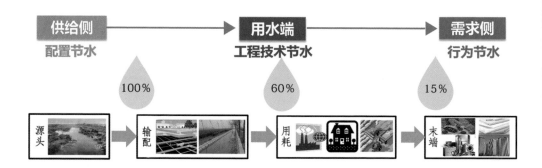

▲ 全过程节水

1. 用水源头

在用水源头，按用水总量（耗水总量）进行控制，促进经济社会系统提升用水效率。从水资源高效利用的角度出发，控制社会经济用水总量，以尽可能少的水资源消耗量获得最大的水利用效益，并且充分发挥耗水定额下水作为稀缺资源的经济价值。

2. 输配水环节

在输配水环节，对输水系统进行优化设计及改造，减少输配过程中的蒸发渗漏损失，提高输配水系统的有效性。建立起完善的供水管网与输水渠道技术档案，根据不同的使用年限，分期分批进行改造更换。同时，加强管网的检查力度，进一步降低供水管网和输水渠道漏失率。

3. 用耗水环节

在用耗水环节，抓好生产过程节水。通过提升各行业用水技术、工艺、设施和器具的节水性以及促进用户节水行为，从而提高用水效率。用耗水环节的管理，一般通过定额管理来进行约束。

4. 用水末端

在用水末端，实施绿色消费。很大比例的生产用水凝结在产品和服务中，形成虚拟水，虚拟水的浪费随着人们对消费品的浪费而显得日益严重。研究表明我国年均虚拟水浪费量达到了 800 多亿米^3，约占生产用水量的 15%。农产品浪费导致的虚拟水损失量最大，达到了 500 多亿米^3，其中餐桌上浪费约 200 亿米^3，餐桌外浪费 300 亿米^3；建筑业浪费 100 亿米^3；能源及工业品浪费 140 亿米^3，其他行业浪费 40 亿米^3。

小贴士

虚拟水

"虚拟水"指在生产产品和服务中所需要的水资源数量，即凝结在产品和服务中的虚拟水量。通过虚拟水贸易，有助于缺水国家或地区在一定程度上缓解国内用水紧张的状况。日本、以色列等国家在其支撑国内消费的水足迹中，50% 以上是依靠产品贸易调入的虚拟水。

二、全产业节水

因为用水涉及各行各业、各层级单元，因此我们需要实施全产业节水。①在工业生产过程中，建立和完善循环用水系统，提高工业用水重复率，改革生产工艺和用水工艺。②在农业生产过程中，发展农业灌溉技术、渠道衬砌和田间工程技术，种植节水作物，优化灌溉制度。③在第三产业服务过程中，强化节水器具的使用、消费者节水行为的促进。

节水型社会建设过程中，无论是制度创新还是工程建设，其最终的作用和行为主体都是各类社会用水的细胞单元，如灌区、企业、社区、机关、学校等，因此加强节水型灌区、节水型企业、节水型社区、节水型学校等各类载体建设，是将节水型社会建设这一宏观国家或群体意志分解为微观个体实践行为的必然途径。

三、全民节水

个体是最基本的用水单元，只有人人都积极

参与节水，形成时时节水的意识，我们的社会才能最终形成节水型社会。目前，大众水资源节约保护意识还不够强，因此迫切需要以正规教育和大众宣传为抓手，营造节水的良好环境和氛围，通过鼓励企业和大众等利益相关者参与节水制度制定、执行与评估，来推进社会大众节水制度全过程的广泛参与。在此基础上还需转变社会大众节水消费方式和行为方式，让其自觉抵制不良用水习惯，形成人水和谐的良好氛围。

▲ 节水教育进校园活动

▲ 节水教育进科技馆活动

第三章
农业怎么节水

◎ 第一节 水在农业生产中发挥什么作用

　　都说万物生长靠太阳，实际上万物生长更离不开水，水是农业生产的根本，参与了农作物几乎所有的生命功能。农作物的种子需要在潮湿的环境下才能萌发、生长；在作物生长过程中，水为植物输送养分；水参加植物光合作用，吸收二氧化碳，释放氧气，制造有机物；通过蒸发水分，植物使自己保持稳定的温度，不致被太阳灼伤。农作物中含有大量的水，其重量约占自重的80%，蔬菜中含水率为90%～95%，水生植物中含水率高达98%以上。为了保障农作物正常生长，农业生产必须依靠降水或者灌溉来满足水分供应。据统计，2020年我国农业灌溉用水总量为3612亿米^3，占国民经济用水总量的62%。总体来讲，农业用水量大，是重点节水领域。

　　农业利用的水既包括降水入渗到土壤供给作物生长的水，也包括为补充降水不足的人工灌溉水。降水落到田间，通过截留、入渗和产汇流后，赋存于农田土壤中，以有效降水的形式服务于农作物的生长。灌溉水通过灌溉系统输送到田间。

　　从类型上来看灌溉系统可分为渠道灌溉系统和管道灌溉系统。

一、渠道灌溉系统

渠道灌溉系统由灌溉渠首工程，输水、配水工程和田间灌溉工程等部分组成。

（1）灌溉渠首工程有水库、提水泵站、有坝引水工程、无坝引水工程、水井等多种形式，用以适时、适量地引取灌溉水量。

（2）输水、配水工程包括渠道和渠系建筑物，其任务是把渠首引入的水量安全地输送、合理地分配到灌区的各个部分。按其职能和规模，一般把固定渠道分为干、支、斗、农四级，视灌区大小和地形情况可适当增减渠道的级数。

▲ 淠史杭灌区是新中国成立后建设的第一个大型灌区

（3）田间灌溉工程指农渠以下的临时性毛渠、输水垄沟和田间灌水沟、畦田以及临时分水、量水建筑物等，用以向农田灌水，满足作物正常生长或改良土壤的需要。

二、管通灌溉系统

管道灌溉系统分为喷灌系统、微灌系统和低压管道输水灌溉系统等，主要由首部取水加压设施、输水管网及灌溉出水装置三部分组成，通常按其可动程度将管道灌溉系统分为固定式、半固定式和移动式三种类型。

通过灌溉系统将水输送到田间，满足作物用（耗）水过程，是实现农业价值最主要的环节，田间水分消耗主要体现在棵间土壤蒸发、植被蒸腾。

知识拓展

喷灌、微灌和低压管道灌溉

1. 喷灌

喷灌是借助水泵和管道系统或利用自然水源的落差，把具有一定压力的水喷到空中，散成小水滴或形成弥雾降落到植物上和地面上的灌溉方式。一个完整的喷灌系统一般由喷头、管网、首部和水源组成。喷灌具有节省水量、不破坏土壤结构、调节地面气候且不受地形限制等优点。喷灌可分为多种类型，按水流获得的压力方式可分为机压式、自压式和提水蓄能式喷灌系统；按设备形式可分为管道

式和机组式喷灌系统；按喷洒方式可分为定喷式和
行喷式喷灌系统；按喷灌作业过程中可移动的程度
可分为固定式喷灌系统、半固定式喷灌系统和移动
式喷灌系统。

▲ 喷灌系统

2. 微灌

微灌是按照作物需求，通过管道系统与安装在末
级管道上的灌水器，将水和作物生长所需的养分以较
小的流量，均匀、准确地直接输送到作物根部附近土
壤的一种灌水方法。与传统的全面积湿润的地面灌和
喷灌相比，微灌只以较小的流量湿润作物根区附近的
部分土壤，因此又称为局部灌溉技术。微灌分为地表
滴灌、地下滴灌、微喷灌和涌泉灌等形式。

▲ 微灌系统

3. 低压管道灌溉

低压管道灌溉是以低压管道代替明渠输水灌溉的一种工程形式。采用低压管道输水，可以大大减少输水过程中的渗漏和蒸发损失，使输水效率达95%以上，比土渠、砌石渠道、混凝土板衬砌渠道分别多节水约30%、15%和7%。对于井灌区，由于减少了水的输送损失，使从井中抽取的水量大大减少，因而可减少能耗25%以上。另外，以管代渠可以减少输水渠道占地，使土地利用率提高2%～3%，且具有管理方便、输水速度快、省工省时、便于机耕和养护等许多优点。

▲ 低压管道灌溉系统

◎ 第二节 我国农业用水现状

一、农业用水基本状况

自2001年以来，我国年农业用水总量变化较小，基本维持在3700亿～3800亿米^3，占经济社会总用水量的比例整体呈下降趋势，由2001年的68.7%降至2017年的62.3%。其中，农田灌溉用水量由

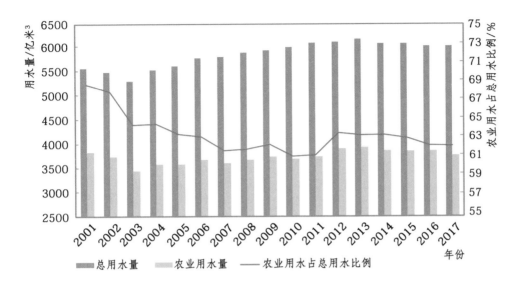

在空间上,农业用水量呈北方增加、南方减少的态势。2001—2017 年,北方由 1788 亿米^3 增加到 1811 亿米^3;南方由 2038 亿米^3 下降到 1955 亿米^3,但总的农业用水分布仍呈南多北少的状况,至 2017

2001 年的约 3500 亿米^3 降为 2017 年的约 3300 亿米^3。

▲ 2001—2017 年全国用水量及农业用水量变化

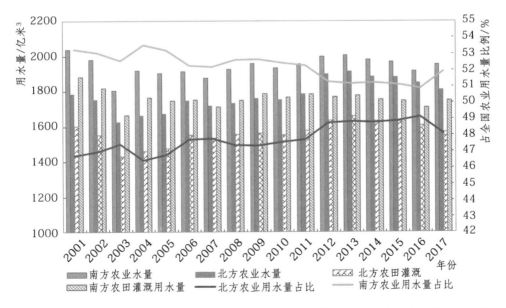

▲ 2001—2017 年南北方全国农业用水量的变化

年，南北方农业用水占全国农业用水量之比分别为51.9%和48.1%。尽管北方灌溉面积增加，由43900万亩增加到56800万亩❶，增加了12900万亩，但由于采取大规模农业节水措施，北方灌溉用水量并未显著增加。

二、农业节水的工程状况

2010—2020年，我国的灌溉工程体系不断完善。对400多处大型灌区和1000多处中型灌区进行了续建配套与节水改造，实施了2000多个小型农田水利重点县建设，对200多处大型灌排泵站进行了更新改造，新建了一批大中型节水灌区，干、支、斗渠衬砌率达到了30%左右。

目前，我国农田有效灌溉面积已经发展到10.17亿亩，其中节水灌溉面积为5.15亿亩，农业灌溉用水效率得到大幅提高。节水灌溉面积中，高效节水灌溉面积为3.08亿亩，其中喷灌、微灌和低压管道灌溉面积分别为0.64亿亩、0.94亿亩和1.50亿亩。与国际相比，节水率较高的喷微灌仅占有效灌溉面积的15.6%，远不及以色列的100%、美国2016年56%的水平，当然这也与水情和种植模式有关。

至2020年，我国灌溉水有效利用系数达到0.565，其中北京、上海、天津居前三位，超过0.7，河北省居第四位，达到0.675，西北地区维持在0.52～0.58之间。在灌区层面，从灌区的规模和类型来看，纯井灌区灌溉水利用系数最大，达到

小贴士

灌溉水有效利用系数

灌溉水有效利用系数是指在灌溉期内，灌溉面积上不包括深层渗漏与田间流失的实际有效利用水量与渠首进水总量之比。灌溉水有效利用系数反映了各级输配水渠道和田间的输水损失。

---

❶ 1亩约等于666.67米^2。

0.723，随后依次是小型灌区 0.528、中型灌区 0.492和大型灌区 0.479。

三、农业用水定额管理状况

我国农业用水定额从无到有，逐步完善。早在20 世纪 80 年代初，我国便开始系统研究灌溉定额，并首次推出了全国三个灌溉地带（常年灌溉地带、不稳定灌溉地带、水稻灌溉地带）主要作物灌溉用水定额。1999 年水利部发布了《关于加强用水定额编制和管理的通知》，对各行业用水定额标准编制提出了要求，各省（自治区、直辖市）结合降雨、土壤条件开始制定主要农作物灌溉定额。目前，各省（自治区、直辖市）都制定和完善了绝大部分农作物的灌溉定额，形成了较为完善的定额体系。例如，我国南方水稻亩均定额为早稻 200 ~ 300 米³，晚稻 300 ~ 400 米³；小麦亩均定额为 150 米³，玉米亩均定额为 40 ~ 60 米³。

知识拓展

三个灌溉地带

1. 常年灌溉地带

常年灌溉是一地带发展农业的必要条件。常年灌溉地带可细分为西北内陆地区和黄河中上游地区。①西北内陆地区：年降水量不足 200 毫米，而年蒸发量则达 2000 ~ 3000 毫米，是我国最干旱的地区。②黄河中上游地区：这一地区的绝大部分为黄土高原，年降水量由西部200毫米向东渐增至400毫米，其中70%～80%集中在8—9月，且多暴雨，十年九旱，水土流失极为严重，是黄河泥沙的主要来源。

▲ 不稳定灌溉地带——河北省石津灌区

2. 不稳定灌溉地带

不稳定灌溉地带主要包括黄淮海地区和东北地区。由于受季候风的强烈影响，降水时空变化都很大，因而农作物对灌溉排水的要求很不稳定。①黄淮海地区：多年平均降水量500～900毫米，降水的年内和年际分布极不均衡，是全国水资源最紧缺的地区。②东北地区：地势平缓，土壤肥沃，一般高程在海拔200米以下。中部的松辽平原为东北农业最发达、机械化程度较高地区；东部的三江平原海拔较低，有大面积沼泽洼地，排水不畅，渍涝为害；南部的辽河平原农业也很发达。这一地区的水利工程须旱涝兼治。

▲ 常年灌溉地带——宁夏引黄灌区

3. 水稻灌溉地带

水稻灌溉地带是我国水稻主要产区，由于降水在时间上分布不均，水稻一般都需要进行补充灌溉。水稻灌溉地带可细分为长江中下游地区、珠闽江地区和西南地区。①长江中下游地区：亚热带气候，温暖潮湿，多年平均降水量800～1800毫米，圩垸内地势低洼，易遭洪涝灾害。在丘陵山区主要是发展灌溉，防冲排渍。②珠闽江地区：地处亚热带和热带，属湿热多雨的季风气候区，年降水量在1000～2000毫米。平原地区以防洪除涝为主，丘陵坡地以发展灌溉为主。③西南地区：地貌单元以高原山地为主。全区为亚热带与热带气候类型，年降水量在1000～1500毫米。地区光、热、水资源丰富，但由于地形地貌复杂和降水时空不均，干旱是农业生产的主要威胁，水稻必须灌溉才能高产稳产。

▲ 水稻灌溉地带——淠史杭灌区

▲ 2020 年贵州农村小型水利
工程完成产权制度改革

四、灌溉管理体制机制建设

1. 基层节水管理组织

截至 2017 年，全国 6000 多处大中型灌区建立了专业管理机构，29 个省（自治区、直辖市）完成了基层水利站建设任务，约有 70% 的灌区管理单位被纳入财政补助体系，已有 700 多万处小型农田水利工程完成了产权制度改革。基层水利服务体系不断完善。农业节水的主体已经形成，大部分农民已经具备了自主节水的组织能力。

2. 农业水权管理

2016 年 1 月，国务院办公厅印发《关于推进农业水价综合改革的意见》（国办发〔2016〕2 号），意见中明确提出建立农业水权制度；2017 年国家发展和改革委员会、水利部颁布《关于开展大中型灌区农业节水综合示范工作的指导意见》（发改农经〔2017〕2029 号），进一步健全农业水权分配制度；2018 年水利部、国家发展和改革委员会、财政部联合颁布《关于水资源有偿使用制度改革的意见》（水资源〔2018〕60 号）探索开展水权确权工作。

通过以上农业水权的逐级落实，已基本完成县级行政区域用水总量控制指标的确定，以此为基础，按照灌溉用水定额，一些地区逐步把指标细化分解到农村集体经济组织、农民用水合作组织、农户等用水主体，落实到具体水源，因地制宜将水权明确到农村集体经济组织、农民用水合作组织、农户等，通过发放水权权属凭证等方式，实现了用水总量控制和定额管理的探索。河南、宁夏和甘肃等地出台了相应的地方农业水权确权办法和规定。水权制度的建设有效地保障了农业水资源的高效利用。

▲ 2019 年河南省水利厅出台了《河南省农业水权交易管理办法（试行）》

3. 农业水价综合改革

2015 年中央一号文件第 25 条提出"推进农业水价综合改革，积极推广水价改革和水权交易的成功经验，建立农业灌溉用水总量控制和定额管理制度，加强农业用水计量，合理调整农业水价，建立精准补贴机制"要求，全国以 27 个省（自治区、直辖市）中的 80 个县为试点，地下水严重超采的地区

▲ 2019 年浙江省绍兴市越城区推进农业水价综合改革

要求"先行一步",开展农业水价综合改革。

2018 年,各地紧紧围绕《国务院办公厅关于推进农业水价综合改革的意见》(国办发〔2016〕2 号,以下简称《意见》)确定的目标和任务,进一步完善工作机制,强化组织领导,狠抓各项改革任务落实,大力推进农业水价综合改革。全年新增改革实施面积 1.1 亿亩左右,累计超过 1.6 亿亩。各地按照《水利工程供水价格管理办法》,积极推行农业终端水价,开展农业水价综合改革试点工作,逐渐建立了水价形成机制。

总之,我国农业用水在大力推行节水灌溉的过程中,灌溉用水效率得到较大提高,尽管灌溉面积逐年增加,但在节水灌溉工程措施和管理体制机制的保障下,农业灌溉用水量和农业用水量呈稳中下降的趋势。

▲ 河北省元氏县作为地下水超采治理的试点区,探索出"以水权为基准,超用加价"的农业水价征收办法,被水利部列为"全国农田水利产权制度改革和创新运行管护机制试点县"

◎ 第三节 农业节水的主要途径

农业用水过程包括"取水－供（输）水－用（耗）水－排水"四大环节，水的主要消耗是输水过程中的渗漏以及田间蒸发蒸腾。对应农业节水的主要途径也可分为输配水环节节水和田间用水环节节水。输配水环节节水主要是减少渗漏和蒸发，提高输配水的效率；田间用水环节节水主要包括调整种植结构、种植方式，优化灌溉制度，推广高效节水灌溉技术，增加天然降雨的直接利用量，减少农业种植对灌溉用水的依赖等。

一、提高输水效率

提高输水效率主要有以下两种方式：一是因地制宜应用渠道防渗，在保障区域生态的前提下，对输水损失大、输水效率低的骨干渠道及提水灌区渠道实施防渗，对井灌区无回灌补源任务的固定渠道宜全部防渗；二是科学应用管道输水，在井灌区和有条件的渠灌区，大力推广管道输水灌溉，发展低压管道灌溉和自压式管道输水。

▲ 渠道衬砌防渗，提高输水效率

二、调整种植结构

不同类型的农作物生长耗水需求存在较大差别。可以调整种植作物种类，多种植节水耐旱植物，发挥植物自身的抗旱能力，以达到农业节水的目的。还可以发展生物节水技术，选育并推广抗（耐）旱节水农作物品种，挖掘其抗旱特性。

知识拓展

节水耐旱植物

节水耐旱植物，简而言之就是适合于当地降雨条件，需要较少人工补充灌溉的植物。种植节水耐旱植物是降低灌溉用水的有效措施之一。2020 年 1 月，北京市园林绿化局发布了最新版的《适宜北京地区节水耐旱植物名录》，名录中包括乔木、灌木、草本、藤本四大类 161 种植物。这份名录是根据近年来科研最新成果和各区养护事件经验制定的。纳入名录的以乡土植物为主，包括部分节水耐旱优良的品种、变种，并充分考虑已在北京地区引种多年、栽培技术成熟、生长表现良好的植物；也涵盖了部分在节水耐旱能力、观赏性、生长表现等方面具有挖掘潜力的乡土生物。

▲ 花生是一种耐旱油料农作物

三、优化灌溉制度

灌溉制度是根据作物需水特性和当地气候、土壤、农业技术等因素制定的灌水方案。其主要内容包括灌水次数、灌水时间、灌水定额和灌溉定额。灌溉制度是规划、设计灌溉工程和进行灌区运行管理的基本资料，是编制和执行灌区用水计划的重要依据。优化灌溉制度，包括错季栽培结合人工补充灌溉；作物需水临界期及重要生长发育时期灌"关键水"；推广非充分灌溉和调亏灌溉等，以达到农业节水的目的。

知识拓展

非充分灌溉和调亏灌溉

1. 非充分灌溉

非充分灌溉是针对水资源的紧缺性与用水效率低下的普遍性而提出的一种新的灌溉技术。非充分灌溉广义上可以理解为：灌水量不能完全满足作物的生长发育全过程需水量的灌溉。就是将有限的水科学合理（非足额）地安排在对产量影响比较大，并能产生较高经济价值的水分临界期供水。在非水分临界期少供水或不供水。非充分灌溉作为一种新的灌溉制度，不追求单位面积上最高产量，允许一定限度的减产。在水资源有限地区，建立合理的水量与产量关系模式，通过增加灌溉面积而获得大面积总量的均衡增产，力求在水分利用效率、产量、经济效益三方面达到有效统一。

2. 调亏灌溉

调亏灌溉是在作物生长发育某些阶段（主要是营养生长阶段）主动施加一定的水分胁迫，促使作物光合产物的分配向人们需要的组织器官倾斜，以提高其经济产量的节水灌溉技术。该技术于20世纪70年代中期由澳大利亚持续灌溉农业研究所Tatura中心研究成功，并正式命名为调亏灌溉，它的节水增产机理，依赖于植物本身的调节及补充效应，属于生物节水与管理节水范畴。

四、推广高效节水灌溉

因地制宜发展和应用喷灌技术，鼓励在经济作物种植区、城郊农业区、集中连片规模经营的地区应用喷灌技术；在缓坡丘陵山区或有自压条件的地区，鼓励发展自压喷灌技术；在有规模化耕作条件的地区集中连片发展大、中型机械化行走式喷灌。发展微灌技术，在果树种植、设施农业、高效农业、创汇农业中因地制宜地推广微喷灌与滴灌；鼓励在丘陵山区修建小水窖、小水池、小塘坝、小泵站、小水渠等"五小水利"工程，依据地面自然坡降发展自压微喷灌、滴灌、小管出流等微灌技术；鼓励结合雨水集蓄利用工程，发展和应用低水头重力式微灌技术；推广使用膜下滴灌技术、水肥一体化技术、大流量滴灌技术、涌泉根灌技术。

▲ 膜下滴灌

五、增加天然降雨的有效利用

有效降雨量与降雨特性、气象条件、土地和土壤特性、土壤水分状况、地下水埋深、作物特性和覆盖状况以及农业耕作管理措施等因素有关。通过增加土地覆被，减少田间径流的生成，可以最大限度把水留在田里。另外，种植生长期与降雨同期的作物也可增加天然降雨的有效利用。例如，北方夏玉米生长期在雨季，一般只人工灌溉一次，其余生长用水都直接利用天然降雨。

> **小贴士**
>
> **有效降雨量**
>
> 有效降雨量是指渗入土壤并储存在作物主要根系吸水层中的降雨量。其数量为降雨量扣除地面径流量和深层渗漏量。它和根系吸水层的深度、土壤持水能力、雨前土壤储水量、降雨强度和降雨量等因素有关，要通过根系吸水层的水量平衡计算确定。

▲ 北方夏玉米在雨季生长可有效利用降雨

61

第四章

工业怎么节水

◎ 第一节 水在工业生产中发挥什么作用

什么是工业用水?

工业用水是指工、矿企业各部门,在工业生产过程中或工业生产期间,制造、加工、冷却、洗涤锅炉等处使用的水及厂内职工生活用水的总称。国际标准化组织(ISO/TC 147)水质技术委员会对工业用水的定义为:工业用水是指工业过程中(或生产期间)所使用的水。

水是工业生产的重要原料之一,在当前众多的工业行业中,几乎每一个生产环节都有水的参与,水也因此被誉为"工业的血液"。例如,在钢铁厂,钢锭轧制成钢材,要用水冷却;高炉转炉的部分烟尘要靠水来收集。在造纸厂,水是纸浆原料的疏解剂、解释剂、洗涤运输介质和药物的溶剂。在火力发电厂,冷却用水量十分巨大,同时也消耗部分水。食品厂的和面、蒸馏、煮沸、腌制、发酵都离不了水,酱油、醋、汽水、啤酒等,其实也是水的化身。

从功能角度出发,工业用水可大致分为三大类:间接冷却水、工艺用水和锅炉用水。

一、间接冷却水

间接冷却水是指在生产过程中作为不与产品接触的吸热介质,用于带走多余热量的水。水是工业生产最常见的吸热介质,在工业生产用水中所占比重较高。

▲ 工业冷却水相关设备

▲ 火力发电厂冷却塔

二、工艺用水

工艺用水是指作为工业原料的水，通常是直接用水，这是工业用水中最富有生命力的部分。除火力发电外，一般工业都有工艺用水，其中在纺织、造纸、食品工业中，可占总用水量的 40% ~ 70%。工艺用水又分为产品用水、洗涤用水、直接冷却水和其他用水。纺织印染行业用水量占工业总用水量的 6% 左右，具有排放废水量大、色度深、污染物含量高等特点。

▲ 纺织印染行业工艺用水

▲ 造纸厂工艺用水

▲ 若锅炉内沉积一定厚度的水垢，会导致锅炉加热过程中消耗更多燃料，还会使结垢部位温度过高，引起金属强度下降，局部变形，甚至发生爆炸事故

三、锅炉用水

锅炉用水是为工艺或采暖、发电需要产汽的锅炉给水及锅炉水处理用水。我国每年冷却水、锅炉用水、洗涤用水和产品用水的新水取用量分别占到全国工业取水总量的40%、40%、8%和5%左右。

不同功能用水对于水质有不同的要求。其中，间接冷却水要求尽可能低温，全年温度变化小，不产生水垢和泥渣沉积，对金属的腐蚀性小，不得有微生物和藻类等存在；工艺用水对水质要求差别较大，一些工业产品对水质有特殊要求。例如酿酒工业用水，就以硬度略高一些为好；在化学工业生产中，对水的纯度的要求较高，一些工业甚至需要"高纯水"或"超纯水"；锅炉用水主要是对水质硬度有相应的特殊要求，以免水在锅炉内结成水垢，影响工业生产效率甚至生产安全。

用水类型	水量消耗
冷却水（循环冷却水）	循环冷却水耗水率为2%
锅炉用水	耗水率为16%左右（锅炉用水总耗水量占到当年全国全部工业耗水量的25%~30%）
洗涤用水	耗水率低，1%左右
产品用水	耗水率高，90%以上

▲ 不同用水类型的水量消耗情况

　　由于水的作用原理不同，工业用水耗水率差异很大，与农业用水相比总体耗水率较低。相对于其他类型用水，工业废水中的污染物复杂，包括固体污染物、需氧污染物、油类污染物、有毒污染物、生物污染物、酸碱污染物、营养性污染物、感染污染物和热污染等。

　　工业节水，除降低水资源取用量外，通过取用水量的减少，能有效降低工业废水排放量，这也是减少工业点源污染的关键。

▲ 石油化工产业作为高用水工业需承担更多的工业节水责任

◎ 第二节 工业用水系统的发展

一、系统类型

工业节水与工业用水系统的发展有着紧密的联系。按照水是否重复利用，工业用水系统可分为两种类型：直流用水系统和重复用水系统。

1. 直流用水系统

直流用水系统是对水进行一次利用后直接排出的用水方式。例如直流式冷却水系统的工作方式是水流过冷却设备或换热器经一次性热交换后，即被排放掉。直流用水系统由于一次性取用水量较大，仅适用于水资源特别丰沛、用水竞争小的地区。

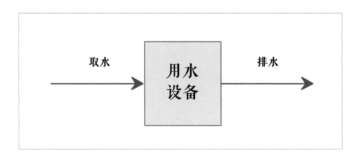

直流用水系统 ▶

2. 重复用水系统

重复用水系统按照重复利用的方式又可分为循环用水系统、串联用水系统和回用水系统。

（1）循环用水系统。它是由一系列用水单元和水处理再生单元按照一定准则组合而成的用水系统。

水的循环利用主要包括直接回用、再生回用和再生循环三种方式。通过循环将系统内生产过程中所产生的废水，经过适当处理全部回用到原来的生产过程或其他生产过程中重新使用，从而减少新水取用量。

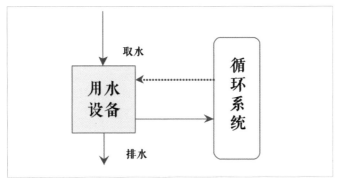

◀　循环用水系统

（2）串联用水系统。一个生产过程往往包含多个具有空间逻辑结构关系的用水单元，而且不同用水单元对于水质的要求也不尽相同。在这种情况下，水有可能在一种用水单元利用后还可以满足其他用水单元的水质要求而得到直接利用，这称为水的逐级利用，由此形成的用水体系称为串联用水系统。

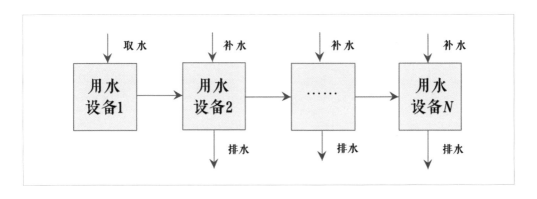

▲　串联用水系统

（3）回用水系统。污水经过处理，并在一定范围内重复使用的非饮用水，称为再生水，其水质达到一定标准，可以被应用在对水质量要求相对较低的工艺中，形成工业回用水系统。低排放或零排放与回用水是两个密切相关的概念。回用水利用量增加必然导致新水取用量和污水排放量的减少，从而减轻水环境的水量、水质负荷。

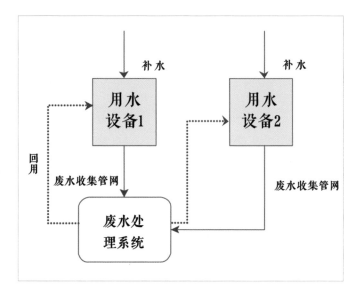

回用水系统 ▶

二、系统发展

工业用水系统发展可大致分为三个阶段：直流型的工业用水系统、循环型的工业用水系统和现代化工业园区的优化用水系统。

1.直流型的工业用水系统

在生产规模较小的工业发展初期，由于水资源及环境容量对工业用水未造成严重约束，人们也未能充分意识到这种约束，在工业用水过程中仅包括新水取用、直流用水和废水直接排放三个简单环节。这一阶段，决策者与生产者将主要精力都投入到工业生产和发展上，对工业生产的资源消耗和环境污染等外部性影响考虑较少，包括对新水取用量缺乏控制，忽视工业废水排放对环境的污染。因此，由于生产水平低，用水效率和效益低下，废水排放量大，会给生态环境带来巨大压力。

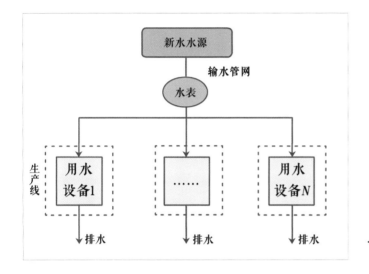

▲ 传统工业用水系统

2. 循环型的工业用水系统

随着社会经济用水总量的加大与水环境的急剧恶化，各类型用水与排水逐渐受到资源与环境的约束。对于工业用水来讲，"直流用水"和"废水排放"两个环节发生明显改变。在保障社会经济可持续发展的要求下，"节水减污"成为资源和环境双重约束下的唯一途径。在节水减污工业用水系统中，加强节水生产线的引进和提高水资源重复利用是两种最重要的方式。

循环用水系统的出现与发展是资源与环境双重胁迫下的结果，在水资源十分丰沛的地区，由于水资源条件对工业用水不具胁迫约束，那些对水体水

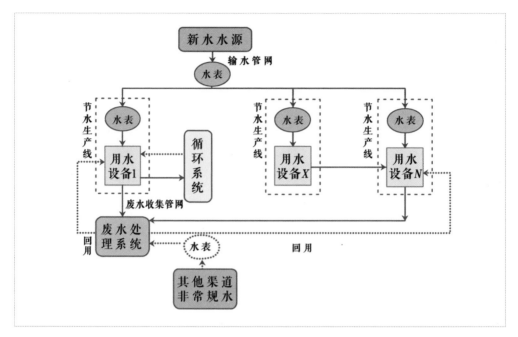

▲ 循环型的工业用水系统

质影响很小的直流用水系统，如火力发电的直流间接冷却水系统，还会有一定的存在和发展空间。

3.现代化工业园区的优化用水系统

上述循环型的工业用水系统是理想中的企业内部用水系统，实际生产中往往遇到一系列问题：设备间用水水质需求相近导致不能串联利用；企业用水排水规模小、废水处理循环利用成本过高等。随着现代化工业园区的建立，这个问题将逐步得到解决。对于经济开发区等工业企业密集地区，以资源共享为原则，可以通过对区域各企业用水水质需求、排放废水水质以及废污水处理能力等进行科学整合，减少设施的重复建设，来实现整个区域生产对区域外的废水零排放，这是工业用水系统发展的必然趋势。

如图所示，用水企业 X 对水质要求高，且其废水污染物组成简单，可直接进入中转站以备其他企业直接利用。企业 N 对水质要求低，可直接利用中转站水源。在大型工业园区，也可根据企业废水排放污染物组成的不同，建立分类废水处理厂，优化配置资源。各企业的工业废水进入综合废水处理厂，进行统一处理后，可再用于生产企业。对于电子工业密集的园区，还可以配有专门的大规模高度纯水生产企业为电子工业企业提供必需的高纯水，以减少单独制备高纯水的重复投资，大大降低企业生产成本。

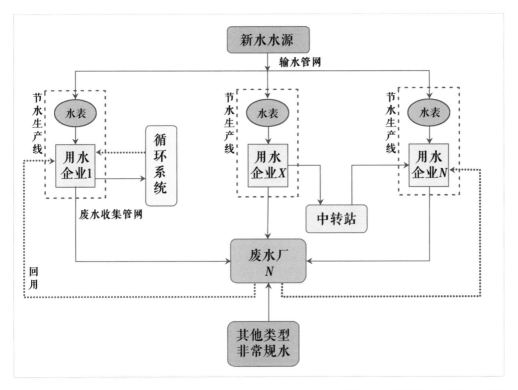

▲ 现代化企业园区的优化用水系统

◎ 第三节 我国工业用水现状

一、工业用水基本状况

2017 年，全国工业用水量为 1277 亿米³。按地区统计，东南沿海地区工业用水量最大，占全国工业用水总量的 44%，占区域用水总量的 35%；西北地区工业用水量最小，占全国工业用水总量的 5%，占区域用水总量的 6%。

2010—2017 年，全国工业用水量维持在 1250 亿 ~ 1500 亿米³，总体上呈现稳中趋降的状态。地区间，东北地区工业用水量降幅较大，为 44%，主要由于东北去产能、经济放缓等原因；华北地区和东南沿海地区降幅较小，分别为 2% 和 3%。

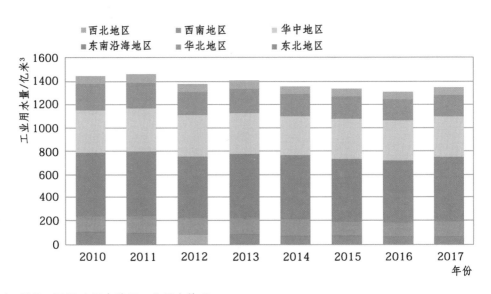

▲ 2010—2017 全国各地区工业用水情况

从用水强度上看，工业用水效率不断提高，2010—2017年，全国万元工业增加值用水量下降较为显著，降幅为48%（按2010年可比价，下同），至2017年，万元工业增加值用水量降至45.6米³。其中，西南地区下降最为明显，降幅为58%；华北地区下降最小，降幅为45%。

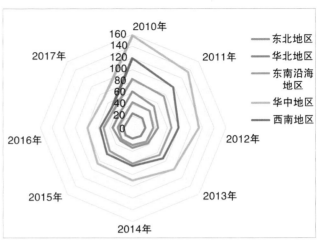

▲ 万元工业增加值用水量
（单位：米³）

二、工业节水状况

2014—2016年，我国先后筛选163项先进适用节水技术，公告两批《国家鼓励的工业节水工艺、技术和装备目录》，涵盖钢铁、电力、石化、化工、纺织、有色金属、造纸、食品发酵等12个行业，推动高耗水行业实施节水技术改造。

近年来，随着环境排放要求越来越严格，促进工业重点领域节水减排、清洁生产与废水深度回用关键技术快速发展。针对重点用水行业，研发了火电行业空气冷却节水技术、钢铁行业轧钢加热炉汽化冷却技术、造纸行业制浆多段逆流洗涤封闭筛选等节水技术，部分行业节水技术已达国际先进水平。

例如，我国发明的大型间接空冷SCAL型系统，具有冷却水和汽水系统分离、水质易控制及节省基建投资等优点，北方新建火电企业全部采用这种技术。

三、工业用水定额制定状况

我国现已形成由国家标准和地方标准构成的工

小贴士

规模以上工业企业

在统计学中，一般以年主营业务收入作为企业规模的标准，达到一定规模要求的企业就称为规模以上企业。规模以上企业也分若干类，如特大型企业、大型企业、中型企业、小型企业等。

中国规模以上工业企业是指年主营业务收入在2000万元以上的工业企业。

业行业标准体系。在国家标准方面，截至2017年累计出台了火电、钢铁、纺织等42项工业行业用水定额，涉及上百项工业产品。通过对山西、内蒙古、辽宁、福建、河南、湖南、四川、云南、陕西9省（自治区）进行评估，在工业用水定额覆盖性方面，9省（自治区）已制定用水定额的工业行业占当地主要工业行业比例较高，覆盖性较好。其中，河南省用水定额对应主要工业产品种类的覆盖比例达到100%。在规模以上工业企业中仅石油和天然气开采业和废弃资源综合利用业没有制定用水定额，其他规模以上工业行业均制定了用水定额，制定的覆盖比例为99.7%。

国家对工业采取强化技术标准引领，发布《重点工业行业用水效率指南》《国家节水标杆企业和标杆指标》，健全工业节水技术标准体系，引导企业对标达标，开展节水技术改造，促进了先进节水技术的推广应用。

◎ 第四节 工业节水的主要路径

进行工业节水，就是在确保工业用水安全和保障工业经济稳定发展的基础上，最大限度地减少新水取用量和废水排放量，建立符合经济发展阶段与水资源可持续利用要求的工业用水系统。

我国工业用水受到资源短缺和环境保护的双重约束。既要保障经济的快速发展，又要保持水资源的可持续利用，工业用水系统调控必须从节约水资源和保护水环境为原则，发展循环经济与低碳经济，促进生产布局的优化与节水生产工艺的应用。特别是对高用水、高污染、高排放的企业，建立相关的标准，进行严格监管与考核，促进新水取用量和废水排放量的降低。

工业企业产品类型繁多，生产过程复杂，即使是同类产品，也存在多种生产工艺，因此工业水循环系统循环路径与过程十分复杂，提高了工业节水管理的难度。工业节水路径主要有以下三方面。

一、调整产业结构，改进生产工艺

通过产业结构实现节水主要体现在在水资源约束条件下，限制高耗水产业进入或推进高耗水产业退出。在遵循经济发展规律的基础上，进行工业产业结构调整和升级，建立与水资源禀赋条件相适应的工业经济结构，在缺水地区优先发展低耗水产业，控制高耗水产业，构建工业宏观节水调控体系。对于本身耗水量较大的新建项目，应充分论证与当地水资源及可供水量的协调关系。对于已建的项目，要根据可供水量调整结构。但是产业结构发展具有一定的规律性，一般要经过从低端制造业向高端制造业的过渡，跨越式发展需要一定的条件作为基础，包括政策支持、外部资金支持等。

二、强化节水技术，开发节水设备

工业节水技术和节水型设备重点是实现生产过程节水，通过采用先进的节水技术和节水型设备，既降低单位产品取用水量，同时减少废水产生量，在节水的同时也降低污染强度。工业节水技术分为

小贴士

节水型设备

节水型设备是在使用中与同类设备或完成相同功能的设备相比，具备可提高水的利用效率或防止水漏失或能替代常规水资源等特性的设备，包括产品、器具、材料和仪器仪表等。节水型设备应符合有关节水的技术标准或被列入国家相关节水产品鼓励目录。

通用节水技术和重点行业节水技术。通用节水技术包括工业用水重复利用技术、高效冷却节水技术、热力和工艺系统节水技术、洗涤节水技术、工业供水管网及设备防漏和快速堵漏修复技术等；重点行业节水技术按照行业划分，包括火电行业空气冷却节水技术、钢铁行业轧钢加热炉汽化冷却技术、造纸行业制浆多段逆流洗涤封闭筛选等节水技术。

三、强化工业节水管控，实现精准化管理

1. 强化工业用水计量

科学计量是节水的基础，要进一步在水资源税改革的基础上，推进工业用水计量，包括从公共供水系统取水、自备水源取水以及非常规水利用等，实现分类用水计量。强化工业企业在线计量和内部分级计量，通过在线计量实现水行政主管部门实时掌控企业用水状况，通过分级计量及时发现内部漏损。

2. 建立产品节水标准体系

逐步完善工业取水定额标准体系，划分先进定额、节水定额和一般定额，根据管理需求采用不同定额标准；完善行业节水技术规范；完善分行业国家鼓励的节水工艺、技术和装备目录以及制定需逐步淘汰的高耗水工艺、技术和装备目录。

3. 持续强化水价改革

结合工业定额标准体系的完善，持续推进和完善非居民用水超定额超计划累进加价制度，建立合

小贴士

洗涤节水技术

在工业生产过程中，洗涤用水分为产品洗涤、装备清洗和环境洗涤用水，洗涤节水是工业节水的重要环节。其包括推广逆流漂洗、喷淋洗涤、汽水冲洗、气雾喷洗、高压水洗、振荡水洗、高效转盘等节水技术和设备。

小贴士

工业取水定额

工业生产中的取水定额是指在一定生产技术和管理条件下，工业企业生产单位产品或创造单位产值所规定的合理用水的标准取水量。随着我国取水定额标准的不断发展和丰富，逐渐形成了以《工业企业产品取水定额编制通则》（GB/T 18820—2011）为编制基础，覆盖电力、钢铁、石油和化工、造纸、纺织、食品和发酵、有色金属、煤炭等高用水工业行业的取水定额标准体系。国家在2011—2020年修订出版了取水定额方面多个中国国家推荐性标准，代替2002—2006年旧标准。

理的阶梯差价体系以及体系区域水资源稀缺性的区域价格差价体系，充分发挥水价的节水调节作用。

知识拓展

保护环境也能节水

环境保护一般来说涉及水、气、固体废物、土壤、噪声等，这其中除噪声污染与水的关系不大以外，大气污染、固体废物、土壤污染等均与水关系密切。

首先，固体废弃物的乱堆乱排，如工业的废渣、采矿的废石以及废弃的塑料，如果不及时处理或加以利用，会污染土地与土壤，如遇降雨，其中的有害成分很容易通过雨水冲入沟渠、溪流和下水管道，最终汇入地面水体，污染水环境。垃圾堆放过程中还会产生大量的酸性和碱性有机污染物，同时将垃圾中的重金属溶解出来，垃圾污染源产生的渗出液经土壤渗透会慢慢进入地下水体，从而污染地下水。

其次，工厂排出的废烟、废气，交通工具排出的废气，最终排到空气中，这些大气污染微颗粒又会随降雨落到地表。污染严重时，降雨的 pH 值可能会低于 5.6，即形成我们通常所说的酸雨。酸雨使土壤和河流酸化，并且经过河流汇入湖泊，导致湖泊酸化。湖泊酸化以后不仅会导致湖中和湖边的植物死亡，而且威胁着湖内鱼、虾和贝类的生存，从而破坏湖泊中的食物链，最终可能使湖泊变成"死湖"。

因此，保护环境直接或间接保护了水环境免受污染，当然间接地保护了水资源，也等于节约了水资源。

第五章 生活怎么节水

◎ 第一节 水在生活中发挥什么作用

生活用水是指人们在日常生活中所需用的水。生活用水是人类生存和发展的基础，与每个人都密切相关。生活用水需求可细分为三大层次，即维持人类生存的饮用水需求、维持人类健康的卫生用水需求（如洗澡、洗衣、冲厕等）、人类娱乐休闲用水需求（如花园浇灌等）。

一、广义的生活用水

广义的生活用水也被称为大生活用水，由城市和农村居民家庭用水（含牲畜用水）、城市公共用水（含服务业、商饮业、货运邮电业及建筑业等用水）和城市环境用水（含绿化用水与河湖补水）等组成。其中，城市环境用水里的市政、园林、河湖环境用水，原归属在城市公共用水中，近年来随着环境建设的改善，用水量逐渐增加，一些城市将其从公共用水中分离出来单独统计。

（a）城市和农村居民家庭用水　　（b）城市公共用水　　　　（c）城市环境用水

▲ 广义的生活用水由三大部分组成

　　城市公共用水相对较为复杂，主要包括两类，即生活用水（如政府机关、学校、幼儿园、科研单位等用水）和商业用水（如商业、餐饮、旅馆、医疗、洗车、公共洗浴等用水），其中，生活用水是指满足生活需求的用水，与家庭用水有很大的相似性；商业用水则是把水作为一种经济成本的用水方式，水的消费量通常与用水单位的效益有很强的相关性，消费的个体通常具有随机性。

（a）生活用水

（b）商业用水

▲ 城市公共用水主要包括生活用水和商业用水两类

二、狭义的生活用水

　　狭义的生活用水主要是指满足人们饮用和日常生活的用水，包括城镇和农村居民家庭生活用水，可细分为饮用、炊事、洗涤、沐浴、清洁等用水。按照用途划分，生活用水可以细分为三类，即消费用水（如饮用、炊事等）、卫生用水（如个人卫生及清洁用水）和美观用水（如洗车、花园浇灌等）。农村居民用水还包括散养畜禽用水等内容。

　　生活用水总量较小，但具有较高的优先权。通常，从生活水循环与自然水循环的衔接上看，生活用水耗水量小，大部分回归到径流中。生活用水结构和基本用水量较为稳定，在回归自然的过程中，带入了一定的污染物，在日常生活中节约用水对降低水体污染具有重要意义。

（a）消费用水（农村还包括散养畜禽用水等）

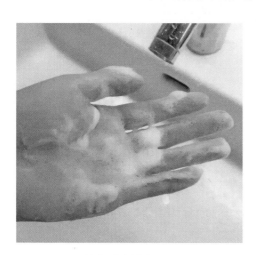 

（b）卫生用水　　　　　　　　　　（c）美观用水

▲ 狭义的生活用水按用途可细分为消费用水、卫生用水和美观用水三类

◎ 第二节 生活用水的影响因素

一、人口数量越多，生活用水量越大

人口数量的增加是生活用水量快速增长的最主要驱动因素。据统计，2000 年我国城镇人口为 4.6 亿人，2020 年增长至 8.6 亿人。尽管持续推进生活节水，但 2020 年全国城镇生活用水量仍较 2000 年增加了 1.4 倍。

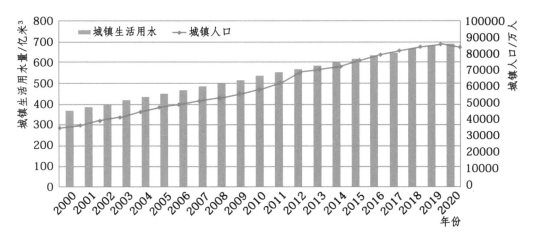

▲ 城镇人口与城镇生活用水量

二、生活水平越高，生活用水需求量越大

随着居民生活水平的提高，生活用水需求越来越大，当发展到一定程度后将逐步趋于稳定。冲水厕具、洗浴设施、热水器具、洗衣机等用水器具给生活带来方便和舒适之外，也带来了用水量的激增。这也是城镇居民生活与农村居民生活用水量差距大的主要原因。2020 年，我国城镇居民生活人均用水量为每天 207 升，而农村居民生活人均用水量仅为每天 100 升。

小贴士

一般用户生活用水量是多少？

以配有马桶、洗涤盆、洗衣机、热水器和淋浴设备的普通住宅为例，每人每天的最高日用水定额在 130～300 升，包括正常漏水量、生活用热水和饮水量。若每户按 3 口人计算，则月用水量为 11～13 米³。

▲ 使用现代节水型马桶，单次冲水量
可比以前减少一半以上

三、节水器具的推广可有效降低生活用水量

在家庭用水中，卫生间的用水量占了家庭用水量的 60% ~ 70%，其中冲水马桶是用水大户，占生活用水量的 1/3 以上。以马桶为例，2000 年以前，我国城镇家庭普遍使用的马桶水箱容量为 12 ~ 13 升，现在城镇家庭使用的马桶水箱一般为 6 升或以下。也就是说，使用现代节水型马桶，单次冲水量可比以前减少一半以上。

▲ 脚踏式淋浴器

▲ 红外感应式淋浴器

知识拓展

如何选用节水器具？

生活中常用的用水器具有水龙头、淋浴器和坐便器。

水龙头的选用：为节约用水和避免细菌传播，一些写字楼、高档宾馆配备了红外感应水龙头，其优点在于使用者可以不接触用水器具表面，由水龙头自动感应出水，减少了由于调试水温高低和水量大小引起的不必要水资源浪费。

节水淋浴器：节水型淋浴器多用于公共浴室或单位自建的洗浴场所。一般分为脚踏式淋浴器和红外感应式淋浴器，通过控制用水时间来达到节水的目的。

节水坐便器：目前市场上销售的马桶多以 3 升 /6 升的马桶为主，马桶的两个按钮功能都是一样的，都是放出水箱的水，只是出水量不同。可以根据需要按不同的按钮（三升水按小的，六升水按大的），抽走排泄物。

▲ 节水坐便器双按钮

四、行为习惯对生活用水有显著影响

美国农业部曾在 21 世纪初做了一个统计，探讨美国在节水与非节水的用水习惯下，满足不同生活服务功能的用水量的差异。尽管采集数据时所用的生活用水器具与现在有较大差别，但也充分说明了不同习惯对于生活用水的影响。

用水分类	非节水用量	节水用量
淋浴	水长流为 94.6 升	涂抹肥皂关水为 15.1 升
盆浴	最高水位洗 151.4 升	最小水位洗 37.9 ~ 45.4 升
刷牙	长流水 18.9 升	适时关水 1.9 升
洗脸洗手	长流水 7.6 升	接水盆洗 3.8 升
饮用	长流水冷却 3.8 升	冰箱冷却 0.2 升
洗菜	长流水 11.4 升	用容器接水洗 1.9 升
洗碗机用水	满负荷运行 60.6 升	快速洗涤 26.5 升
洗碗（手洗）	长流水 113.6 升	容器接水冲洗 18.9 升
洗衣	满负荷、高水位运行 227.1 升	快速、低水位运行 102.2 升

▲ 美国不同用水习惯下用水结构的差异
（数据来源于美国农业部）

◎ 第三节 我国生活用水现状

一、城镇生活用水状况

2017 年，全国城镇生活总用水量为 655 亿米^3，城镇人均生活用水量为 80 米^3。2010—2017 年，全国城镇生活供水量增幅为 40%；服务总人口数量呈逐年上升趋势，增幅为 21%，城镇生活用水增幅几乎是人口增幅的两倍，这凸显出城镇生活节水的重要性和紧迫性。从不同地区来看，华中地区城镇生活供水量增长最大，增幅为 61%；东北地区增长最小，增幅为 17%。

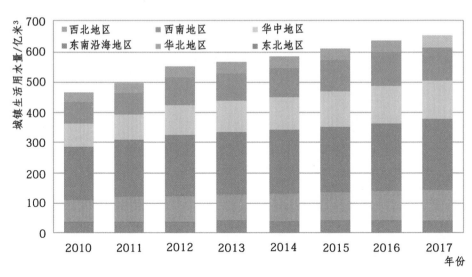

▲ 我国各地区城镇生活用水情况

二、城镇供水工程状况

近年来，一些地区积极开展供水管网改造和分区计量管理，管网漏损率有所控制。2010—2017 年全国城镇公共供水管网损失率变化不大，至 2017 年，全国城镇公共供水管网漏损率为 14%，其中东北地区漏损率最为严重，约为 25%，高于全国 10% 以上。

东北、华中等地区降低供水管网漏损率的空间比较大。从节水器具的使用状况看，华北地区使用节水器具较为普遍。

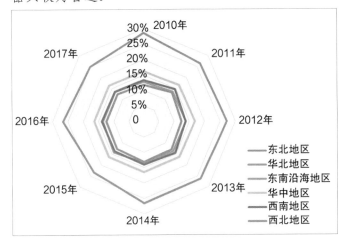

▶ 城镇供水管网漏损率

三、城镇生活用水定额状况

2017年全国城镇人均生活用水量为221升/日，年人均生活用水量80.6米³。其中，南方地区人均生活用水量明显高于北方地区，东南沿海地区最高，为283升/日（相当于年人均生活用水量103米³）；华北地区人均生活用水量最低，为143升/日（相当于年人均52米³）。

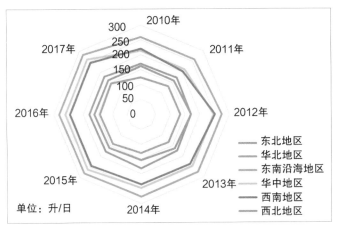

▶ 2010—2017年，全国城镇人均生活用水量总体呈增长趋势，由193升/日增长到221升/日，增幅为15%

◎ 第四节 生活节水的主要路径

▲ 《公民节约用水行为规范》
主题宣传活动启动会于
2022 年 3 月在北京举办

一、国家层面

1. 开展节水宣传

生活用水计量基本以户为单位，用水量分散，每户人口数差异性大，难以采用统一硬性标准进行管理。因此，开展节水宣传，提高公众节水意识，改变不良用水习惯使其能够自发节水是生活节水的关键。

宣传渠道可采用报刊、广播、电视等传统媒体，也可采用互联网短视频平台等新兴媒体；宣传方式可采用公益广告宣传、节水知识问答、节水短视频展播等，还可在全国范围内树立节水先进典型，评选节水先进城市和节水先进单位等。节水宣传是一项长期性工作，需常抓不懈。

知识拓展

节水科技馆

1. 北京节水展馆

北京节水展馆位于北京市海淀区，展馆面积约 1000 米^2。展馆作为一项长期普及青少年节水知识的场所，力求使用现代化视听手段，多方面把水的科学知识展现在每一位参观者面前。展馆内包括自来水的由来、人体含水量测试、节水器具展示、雨水利用等几十件类别不同的展品，并通过交换体验使参观者加深对用水和节水的了解，加强公众爱水、惜水、科学用水和保护水资源的认识。

▲ 北京节水展馆

2. 天津节水科技馆

天津节水科技馆位于天津市西青区，展馆布展面积约1680米^2，由序厅和4个相互关联的展区组成，

▲ 天津节水科技馆

是集宣传和教育为一体的现代化节水科技馆。展馆通过融科学性、知识性、趣味性于一体的展览，介绍了水的特性、水情状况、引滦入津、南水北调等调水工程、家庭节水常识、天津市节水工作开展情况等内容。

3. 武汉节水科技馆

武汉节水科技馆位于汉口江滩张自忠路闸口内左侧，展馆面积约 700 米^2，馆内分为关心、共享、保护、希望 4 个展区，共有 33 个展项，从知识、道德、措施、行动 4 个层面全面阐释了人与水和谐发展的关系。场馆以"传递节水愿望"为理念，通过展品展出、讲解接待、免费发放宣传手册等多种手段，传授水科普知识和生活节水常识。

▲ 武汉节水科技馆

2.普及节水器具

节水器具和设备在城市生活节水方面起着至关重要的作用。目前我国研发了大批节水型生活用水器具和用水设备，如陶瓷阀芯水龙头、感应式水龙头、充气水龙头、两档坐便器、联体旋涡虹吸坐便器、电磁式或感应式淋浴器、桶间无水全自动洗衣机、超声波真空型洗衣机等，在生活中使用这些器具均可起到节约用水的目的。

▲ 感应式水龙头

知识拓展

哪些器具属于淘汰产品？

国家鼓励居民家庭使用节水型器具，尽快淘汰不符合节水标准的生活用水器具。《节水型生活用水器具》（CJ 164—2014）规定了节水型生活用水器具的定义、技术要求、检验方法和检验规则。2011年国家发展和改革委员会第9号令《产业结构调整指导目录》将铸铁螺旋升降式水龙头、进水口低于溢流口水面的卫生洁具水箱配件、一次冲洗量大于9升的便器和水箱列入淘汰产品。推广使用非接触控制式、延时自闭、脚踏式等节水型水龙头，推广使用两档式坐便器，新建住宅使用一次冲水量小于6升坐便器等。

▲ 铸铁螺旋升降式水龙头

▲ 近年来，多地自来水公司利用老旧小区改造之际，将以前老式的机械水表全部更换成智能水表，实现"一户一表"，解决了居民长期以来的用水纠纷

▲ 城市供水管网因年久失修出现漏水现象

3. 强化节水管理和非常规水利用

完善计量统计，实行"一户一表"，实行以量计收。完善用水定额标准、实施阶梯水价制度，通过价格杠杆促进良好用水习惯的养成。实行分质供水，强化再生水利用和中水回用。

在缺水城市住宅小区设立雨水收集、处理后重复利用的中水系统，利用屋面、路面汇集雨水至蓄水池，经净化消毒后用泵提升用于绿化浇灌、水景、水系补水、洗车等，剩余的水可再收集于池中进行再循环。在符合条件的小区实行中水回用可实现污水资源化，从而达到保护环境、防治水污染、缓解水资源不足的目的。

4. 降低供水管网漏损

有的城市供水管网因年久失修，常有漏水现象，需加强城市管网中供水与配水工程的维修改造，来减少跑水、冒水、漏水造成的水资源浪费。城市输水管网漏损监测与控制技术是未来我国生活节水技术的主要发展方向，利用现代化的信息管理理念进行压力控制、快速修复、管网管材更新、主动漏损控制等，降低城市输水、配水管网损失率。

二、个人层面

1. 树立节水意识

长期以来，人们普遍认为水是"取之不尽，用之不竭"的，不知爱惜，挥霍浪费。然而我国水资源人均量并不丰富，地区分布不均匀，年内变化莫测，年际差别很大，加上水资源的污染，使得水资源更加紧缺。国家和社会的发展离不开水资源的支撑，人民生活幸福也需要水资源作为保证。每个人节约的水资源都是至关重要的一部分。使用必要水资源、节约可省水资源、避免浪费水资源，不仅是一笔面对当下的经济账，还是一笔面对未来的公平账，是对代际水资源公平使用的负责任行为。

2. 养成节水习惯

据分析，在家庭生活中，改掉不良用水习惯可节约家庭用水 70% 左右。在日常生活中，有很多节水的方法。一方面可以从使用量上减少非必要的用水，例如用盆接水而非直流水洗菜，洗澡涂抹沐浴液时及时关闭水龙头等；另一方面可以采取一水多用的方式节约用水，例如家中准备水桶收集洗菜或洗衣后较为干净的水，用以冲厕或家庭清洁。

3. 使用节水器具

在家庭节水方法中，采用带有水效标识的节水器具至关重要。以单档冲水坐便器为例，根据国家标准，5 级水效的坐便器平均单次冲水量达到 9 升，而 1 级水效的坐便器平均单次冲水量仅为 4 升，单次冲水的节水率为 125%，非常客观。如果家里的马桶水箱是大容量的，更换麻烦，可以在水箱中放置装满水的矿泉水瓶，这样也可以减少单次冲水的水量。目前国家对水嘴、坐便器、小便器、蹲便器、

▲ 用盆接水而非直流水洗菜

小贴士

洗衣机是用水越多越干净吗?

不会。洗衣机洗少量衣服时,水位定得太高,衣服在高水位漂来漂去,互相之间缺少摩擦,反而洗不干净,还浪费水。在洗衣机的程序控制上,洗衣机厂商开发出了更多水位段洗衣机,将水位段细化,洗涤启动水位也降低了1/2;洗涤功能可设定一清、二清或三清功能,我们完全可根据不同的需要选择不同的洗涤水位和清洗次数,从而达到节水的目的。

淋浴器、洗衣机等的水效等级进行了规定,1级和2级水效的才是节水型器具。

知识拓展

水效标识

水效标识是附在用水产品上的信息标签,用来标识产品的水效登记、用水量等性能指标,这些指标是依据相关产品的水效强制性国家标准检测结果确定的。凡纳入水效标识实施规则目录的用水产品,需在产品出厂前或进口前粘贴水效标识。消费者和相关执法部门可通过标识了解该产品的用水性能信息,也可通过扫描标识上的二维码,进入水效标识信息平台,获取用水产品的水效参数、水效备案号等详细信息。

水效登记自上而下分为3级,1级耗水量最小,3级耗水量最大。除了标明生产者名称、产品规格型号和二维码,还需注明产品的平均用水量、全冲用水量及半冲用水量。

▲ 2018年8月1日为我国坐便器水效标识全国实施启动日

第六章

「变废为宝」的非常规水源利用

◎ 第一节 非常规水源基础知识

海水、污水、雨水——这些人们眼中的"废水"，通常被称作非常规水源。许多人不知道，这些水资源经过不同处理后就可"变废为宝"，实现再生利用。

一、什么是非常规水源

区别于传统意义上的水资源（地表水、地下水），广义上的非常规水源涵盖常规水源以外的一切其他水源，主要包括再生水、雨水、海水、微咸水、矿井水等，其特点是经过处理后可以利用或再生利用，并且可以在一定程度上替代常规水资源。

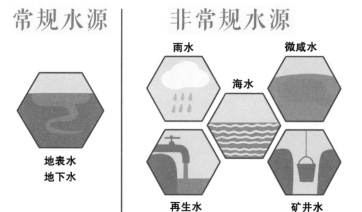

常规水源与非常规水源分类 ▶

二、非常规水源的分类

1.再生水

再生水是指城市污水或生产生活用水经过污水处理厂二级处理再深化处理后，水质指标低于生活饮用水的水质标准，但又高于允许排放污水质标准，可以进行有益使用的水。再生水回用是指将这些经过处理的污水转化为水资源再次进行利用，将其回用于可利用再生水的地方，从而取代干净的优质原水。这可以从一定程度上减少污水处理的费用和污水的排放量，达到以污代清、节约优质水的目的。从经济的角度上看，再生水的成本最低；从环保的角度上看，污水再生利用有助于改善生态环境，实现水生态的良性循环。因此，再生水回用已经被各国政府所重视，成为解决水资源短缺问题的优选策略之一。

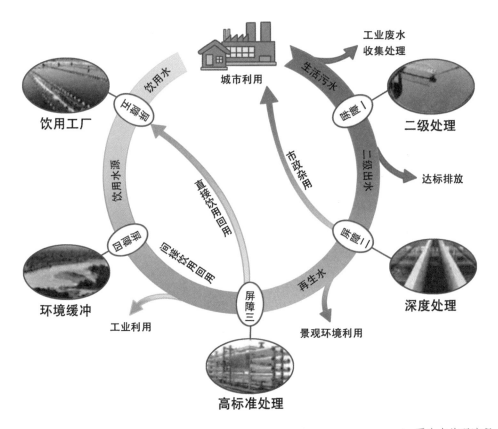

▲ 再生水处理流程

知识拓展

中水回用

"中水"一词是相对于上水（给水）、下水（排水）而言的。中水回用是指将小区居民生活废（污）水，如沐浴、盥洗、洗衣、厨房用水集中处理后，达到一定的标准再回用于小区的绿化浇灌、车辆冲洗、道路冲洗、家庭坐便器冲洗等，从而达到节约用水的目的。中水回用是污水资源化的重要举措，可有效解决水资源短缺问题。

工业上可以利用中水回用技术将达到外排标准的工业污水进行再处理，使其可以再次被利用，从而达到节约资本、保护环境的目的。

目前，中水开发与回用技术得到了迅速发展，在美国、日本、印度、英国等国家得到了广泛应用。在我国，这一技术已受到各级政府及有关部门的重视，科研人员对建筑中水回用做了大量理论研究和实践工作，并在全国许多城市如深圳、北京、青岛、天津等开展了中水工程的运行且取得显著效果。

▲ 中水回用相关设备

2.雨水

雨水为降雨而来的水，它是非常规水源的重要组成部分。集蓄雨水是指利用集水场、净水构筑物、贮水池和取水设备进行收集、贮存和调节利用的雨水。集水场可分为屋顶集水场、地面集水场和屋顶与地面结合的集水场。集水场具有规模小、投资少、见效快、易推广、技术简单、便于管理等特点。

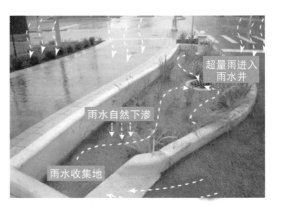

超量雨进入雨水井

雨水自然下渗

雨水收集地

▲ 集蓄雨水示范图

3.海水

海水顾名思义是指海中的水或来自海中的水。海水是流动的，对于人类来说，海水的可用量是不受限制的。目前人们对于海水的利用方式主要有两种，分别为海水淡化利用和海水直接利用。

（1）海水淡化利用。由于海水的含盐量非常高，因而大多数情况下是不能被直接使用的，需要从海水中获取淡水。目前从工业上主要采用蒸馏法与反渗透法来淡化海水。

小贴士

雨水集蓄工程

雨水集蓄工程是指对降雨进行收集、汇流，存储和进行节水灌溉的一套系统。其一般由集雨系统、输水系统、蓄水系统和灌溉系统组成。集雨系统主要是指收集雨水的集雨场地；输水系统是指输水沟（渠）和截流沟；蓄水系统包括蓄水体及其附属设施，其作用是存储雨水；灌溉系统包括首部提水设备、输水管道和田间的灌水器等节水灌溉设备，是实现雨水高效利用的最终措施。

◀ 海水淡化设施

知识拓展

蒸馏法与反渗透法

1. 蒸馏法

蒸馏法通过加热海水使之沸腾汽化，再把蒸汽冷凝成淡水。蒸馏法海水淡化技术是最早投入工业化应用的淡化技术，主要用于特大型海水淡化处理及热能丰富的地方。

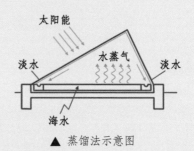

▲ 蒸馏法示意图

2. 反渗透膜法

反渗透膜法首先是将海水提取上来，进行初步处理，降低海水浊度，防止细菌、藻类等微生物的生长，然后用特种高压泵增压，使海水进入反渗透膜。经过反渗透膜处理后的海水，其含盐量大大降低。反渗透膜法适用面非常广，且脱盐率很高，水质甚至优于自来水，这样就可供工业、商业、居民及船舶、舰艇使用。

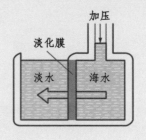

▲ 反渗透法示意图

（2）海水直接利用。海水直接利用是指以海水为原水，直接代替淡水，用于生活和生产。工业上利用海水进行冷却，也可作为印染、制药、制碱、海产品加工的生产用水，也可用于以海水资源、沿海滩涂资源和耐盐植物为对象的特殊农业灌溉。

4. 微咸水

微咸水是指矿化度在2.0 ~ 5.0克/升的水，尝在嘴里有明显的咸味，属于劣质水资源，但是由于土壤的缓冲能力和植物的耐盐能力，采取适当措施，恰当管理利用微咸水灌溉，可以实现"高产、优质、高效"可持续农业发展的目的。

▲ 微咸水滴灌

我国微咸水资源分布广，北起辽东半岛，南至广东、广西的沿海地带，东起淮河、秦岭、巴颜喀拉山，西至喜马拉雅山沿线以北的干旱、半干旱、半湿润地区的大部分低平区域，主要分布在易发生干旱的华北、西北以及沿海地带。从省区来看，微咸水分布最多的为河北省。我国新疆、河北等省（自治区），应用微咸水灌溉冬小麦、夏玉米、棉花等大田作物，均收到了良好效果。

5. 矿井水

矿井水是指由于采矿活动造成采矿区域及其周边区域水文地质系统与水文地质单元隔水构造的破坏，从而改变了地下水及地表水径流方向和途径，最终在

▲ 矿井水蓄水池

采空区域或采动场所汇集、并在汇集过程中因物化作用与时间效应遭受污染的、交替性差的水体。

矿井涌水量与煤矿所处的地理位置、气候条件、地质构造、开采深度和开采方法等有关。总体而言，我国中部、东部、西南地区的矿井水涌水量要大于北部、西北部矿区。我国吨煤开采约产生 2 吨矿井水，2020 年我国矿井水综合利用量为 42.5 亿米³，综合利用率达 78.7%。目前主要的水处理工艺和技术都已广泛应用于矿井水处理过程中，装备水平不断提高，逐步向大型化、系统化、自控信息化方向发展。

三、非常规水源发展领先国家介绍
1. 美国

为了科学、高效地管理污水资源，美国从联邦到州政府设有多个污水资源管理机构和污水回用的专项贷款与基金，地方政府有专门的机构管控污水处理的水质和标准。美国城市污水再生利用主要分布在水资源供给不足的加利福尼亚、亚利桑那、佛罗里达和得克萨斯等州，已经成为城市水资源不可

▲ 再生水反渗透系统

或缺的一部分，被广泛用于农业灌溉、工业设备冷却、景观环境、地下水补给等方面。加利福尼亚州约有 3 亿米³/ 年的再生水用于农业灌溉，占再生水总量的 46%。污水通过二级和二级强化处理后，再经过包括微滤、活性炭吸附、反渗透和消毒等高级处理过程，水质可达到饮用水标准，作为地面或地下饮用水水源的补充，例如加利福尼亚州 Orange 县供水区的 21 水厂（1972 年至今）和得克萨斯州的 EI Paso 和 Fred Hervey 再生水厂（1985 年至今）实施的再生水地下水回灌。

2. 日本

日本早在 1962 年就开始污水再生利用，随着污水再生利用技术的不断更新和发展，再生水成本不断下降，水质不断提高，逐渐成为日本缓解水资源短缺的重要措施之一。1973 年，东京市政府颁布了有关节约水资源的新政策，开始提倡污水的回收

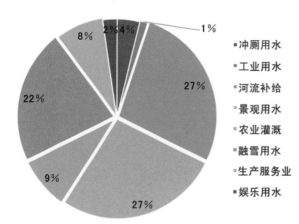

冲厕用水
工业用水
河流补给
景观用水
农业灌溉
融雪用水
生产服务业
娱乐用水

▲ 2016 年日本再生水
不同用途占比

▲ 新加坡樟宜新生
水厂展览馆

和再利用。1984 年,东京市政府又制定了污水回用指南及相应的技术处理措施。根据处理能力的不同,日本将污水回用系统分为 3 种类型:个人建筑处理系统、地区限制系统和不限制地区的污水处理系统。据统计,日本共有污水处理厂约 2100 座,年污水处理总量 147 亿米^3,再生水厂约 290 座,再生水年总产量为 1.92 亿米^3,主要用于冲厕、景观、河流补给、农业灌溉等。

3. 新加坡

新加坡是世界上极度缺水的国家之一,人均水资源量仅为 107 米^3,政府高度重视发展和创新污水处理技术,实现了新加坡本岛工业污水和市政废水的循环再利用。早在 2000 年 5 月,新加坡政府就建造了试验性的新生水厂,即采用先进的微过滤/超滤和反渗透膜、紫外线杀菌技术将市政统一集中处理过的生活、工业污水进一步净化,形成高品质纯净水。2010 年,新加坡建成了世界上最大的再循环水厂——樟宜新生水厂,每天生产约 23 万吨新生水,可提供新加坡约 15% 的用水。新生水大部分用于工业生产,少部分打入蓄水池与大自然的雨水混合经传统工艺净化消毒后,形成生活用水。在新加坡政府的大力支持与号召下，新生水现已成为高品质再循环水品牌，新生水利用量已占到用水总需求的 1/3。

4. 以色列

以色列也是一个严重缺水的国家，污水处理与回用是其国家目标之一。早在 20 世纪 60 年代，以色列就开始建立国家水系统，建有 127 座回用水库，其中地表回用水库 123 座，回用水库与其他水库联合调控，统一使用，90% 的污水都汇入了国家水系统。可饮用水几乎只供应给居民生活所用，农业和工业生产用水大多数取自污水，100% 的生活污水和 72% 的市政污水得到回用。1986 年，以色列再生水利用量为 1.1 亿米^3，2011 年增长到 4.6 亿米^3，占全国供水总量的 20%，农业供水量的 31%。再生水除用于农业灌溉外，还用于工业用水、公园和体育馆灌溉、

▲ 以色列夏夫丹污水处理厂

清洗街道、洗车、消防用水、混凝土搅拌、采用双配水系统的宾馆和写字楼冲厕、补给地下水以避免海水倒灌等。

除了上述国家，欧盟、南美、印度、南非等国家和地区的污水回用也很普遍。现如今欧洲越来越多的国家开始利用再生水，这些国家主要分布在南部半干旱的沿海和北部高度城市化的地区，如希腊全国有 300 多个污水处理厂，日处理污水量约为 150 万米^3/日。西班牙和意大利再生水回用量分别达到 3.5 亿米^3 和 2.3 亿米^3，主要回用于农业灌溉、工业用水、城市杂用和生态用水（包括地下水补给）等。

四、为何使用非常规水源

随着经济的快速发展和人口数量的增加，人类对水资源的需求也在不断增加，再加上存在对水资源的不合理开采和利用，很多国家和地区出现不同程度的缺水问题，淡水资源分布极不均衡。南美洲

▲ 世界部分国家水资源占有量概况

拥有全球 1/4 的水资源，而南美大陆的人口却仅占世界人口的 1/6。全球 60% 的人口生活在亚洲，亚洲却只占有全球 30% 的水资源，约占世界人口总数 40% 的 80 个国家和地区严重缺水。《联合国世界水发展报告》指出，世界人口中约有 22 亿人安全饮用水不足，42 亿人卫生设施欠缺，气候变化影响将使这两个数字迅速攀升。到 2050 年，在缺水环境中生活的人口将达到 35 亿人至 44 亿人，其中城市人口超过 10 亿人。

而日趋加剧的水污染，已对人类的生存安全构成重大威胁，成为人类健康、经济和社会可持续发展的重大障碍。据世界权威机构调查，在发展中国家，各类疾病中有 80% 是因为饮用了不卫生的水而传播的，每年因饮用不卫生水至少造成全球 2000 万人死亡，因此，水污染被称作"世界头号杀手"。随着经济的发展，废水排放量还要增加，如果只重视末端治理，很难达到改善目前水污染状况的目的，所以我们要实现废水资源化利用。非常规水源是常规水源的重要补充，能有效促进区域水资源的节约、保护和循环利用，对缓解水资源短缺、落实节能减排目标、促进循环经济发展、提高区域水资源配置效率和利用效益、改善和保护水生态与环境具有重要意义。

五、非常规水源的利用

非常规水源的利用方向主要包括环境用水、工业用水、城市非饮用水、农林业用水、地下水回灌用水等。

▲ 公园中建造的用于观赏的
叠水景观

1. 环境用水

景观环境用水根据用途可分为观赏性景观环境用水、娱乐性景观环境用水和湿地环境用水。观赏性景观环境用水是指人体非直接接触的景观环境用水，包括不设娱乐设施的景观河道、景观湖泊及其他观赏性景观用水。娱乐性景观环境用水是指人体非全身性接触的景观环境用水，包括设有娱乐设施的景观河道、景观湖泊等。湿地环境用水主要是用户恢复天然湿地、营造人工湿地。

2. 工业用水

再生水在工业中的用途十分广泛，其主要用途包括：①循环冷却系统的补充水，这是工业利用再生水量最大的用水；②直流冷却系统的用水，包括

▲ 钢铁厂废水处理设施

水泵、压缩机和轴承的冷却等；③工艺用水，包括溶料、蒸煮、漂洗、水力开采、水力输送等；④洗涤用水，包括冲渣、冲灰、清洗等锅炉用水，锅炉补给水；⑤产品用水，包括浆料、化工制剂、涂料等；⑥杂用水，包括厂区绿化、浇洒道路、消防用水等。

3. 城市非饮用水

城市非饮用水是非常规水源的重要利用途径，主要可用作生活杂用水和部分市政用水，包括冲厕、车辆冲洗、城市绿化、道路清扫、建筑施工等用水。

4. 农林业用水

农业用水、林业用水主要指农林灌溉用水。在水资源的利用中，农业灌溉用水占的比例最大。将城市污水处理后用于农业灌溉，一方面可以供给作物需要的水分，减少农业对新鲜水的消耗；另一方面，再生水中含有氮、磷、钾和有机物，有利于农作物生长，从而达到节水、增产的目的。

▲ 道路清扫用水

5. 地下水回灌用水

地下水回灌用水是一种再生水间接回用的方法，也是一种处理污水的方法。在再生水回灌过程中，再生水通过土壤的渗透能获得进一步处理，最后与地下水混合成为一体。地下水回灌用水

▲ 地下水回灌模型示意

可用于地下水水源补给、防止海水入侵、防止地面沉降等。

六、非常规水源利用案例

1. 上海杨浦滨江雨水花园

《岭海兰言》有言："雨水为上，山水次之，河水次之，井水又次之。"雨水中含有硝酸盐，是很好的氮肥来源。另外，雨水含氧量较高，对植物吸收养分也很有帮助。上海杨浦滨江雨水花园中自然形成或人工挖掘的浅凹绿地，就是用于汇聚并吸收来自屋顶或地面的雨水，通过植物、沙土的综合作用使雨水得到净化，并使之逐渐渗入土壤，涵养地下水，这就是一种生态可持续的雨洪控制与雨水利用设施。通过与城市化同步的分散式雨水管理方式（雨水花园、雨水收集等措施），最大限度地实现雨水自然循环。

覆盖层　蓄水层　种植土壤层　砂层　砾石层　盲管

▲ 雨水花园构造图

2. 浙江某小区

浙江某小区建造的非常规水回用系统，是通过小区人行道边雨水收集管及屋顶檐沟收集雨水，并汇集到人工景观"王"字形水系，形成天然贮水池，保证天然水循环。这样不仅所有景观、绿化用水全部源于非常规水，并且与防汛排涝有机结合。晴天，小区用水系统自动收集空调水等非常规水，通过泵

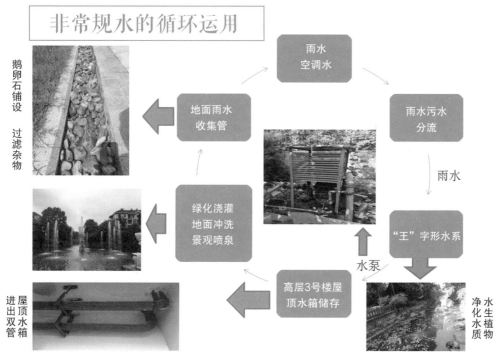

▲ 浙江某小区雨水利用系统采用了非常规水的循环运用

站输送到高处用于景观、绿化；雨天，利用"王"字形水系收集雨水，泵站则可以将过量的雨水抽离低洼地带，起到排涝作用，确保小区不被水淹，运行以来效果显著。一年来，可以节水 15000 余吨。

3. 北京奥林匹克公园龙形水系

北京奥林匹克公园龙形水系是亚洲最大的城区人工水系，龙形水系的"龙头"位于奥森公园的奥海，其水源主要来自清河再生水厂，采用超滤处理工艺，每日补充高品质再生水 6 万米³。再生水通过直径为 1 米的管道、长近 4 千米的通道流入龙形水系龙头的部位。龙形水系的"龙身"和"龙尾"位于奥林匹克公园中心区，其水源由北小河再生水厂提供。该厂采用国际先进的反渗透处理工艺，每日向"龙尾"补充 1 万米³的高品质再生水。水流从"龙尾"

▲ 北京奥林匹克公园
水系景观

由南向北流到"龙身"北端，进入高效过滤机房进行净化处理，然后沿管道流回"龙尾"，循环流动不断。

◎ 第二节 我国非常规水利用情况

一、我国为什么开始利用非常规水

我国经济正处在转变发展方式、优化经济结构、转换增长动力的攻关期，生态文明建设也正处于压力叠加、负重前行的关键期，也到了有条件、有能力解决生态环境问题的窗口期。实施污水资源化，在有效应对水生态环境污染的同时，还能够为我国经济高质量发展增加新动能。

1. 可为经济社会高质量发展提供新动力

我国目前人均年收入近1万美元，属于中等偏上水平，正处在跨越中等收入陷阱的关键阶段，但是我国尤其是北方地区水资源供应不足却成为制约经济社会发展的重要因素。实施污水资源化，不仅有利于改善水生态环境，还可以提供新的便于利用的水源，有效降低供水成本，增添经济发展新动能，助力跨越中等收入陷阱，对于保障经济社会发展有重要作用。

改革开放 40 多年来，我国国内生产总值比 1978 年增长 33.5 倍，年均增长 9.5%，平均每 8 年翻一番，远高于同期世界经济 2.9% 左右的年均增速。但 2010 年以来，我国实际与潜在增速的下行周期已持续约 10 年，潜在经济增速未来或将常态化保持在 6% 左右甚至更低。在全球经济增长有所放缓、外部不稳定不确定因素增多的背景下，我国经济面临下行的压力。实施污水资源化将会在很大程度上缓解新时期我国用水紧缺局面，特别是解决农业、乡村振兴、工业现代化、城镇化、生态环境等对水的需求，支撑经济社会高质量发展。

污水资源化同时将催生新产业，其用水增量将为经济社会发展增加新动力，这对缓解我国当前经济下行压力具有重要意义。污水资源化产业链涉及上游污水处理利用科研、规划设计等。产业链中游涉及污水处理利用产品设备制造、采购和污水处理工程建设，产品如污水设备、机械过滤器、滤膜、污泥压滤机、除氧设备和离心机等制造和采购，污水处理工程既包括现有污水处理厂提标改造，也包括新建污水处理厂及其配套的水资源利用工程等。污水处理利用产业链下游是指污水处理工程或设施设备建设完成之后的运营、管理、监督、维护等以及其他管理性质工作，如污水处理设施的服务外包，多种形式的委托经营等工作。

2. 可以有效避免大量污水处理重复投资

回顾发达国家或地区城镇污水处理发展历程可以看出，随着人类健康的需求和水环境质量的变化，污水处理程度逐渐加深，污水处理标准在不断提升，同时操作管理、资金占地等成本问题又推动了水处理工艺技术的不断进化，其建设和运行投入却在逐步降低。目前，欧美总体上已经进入污水深度处理阶段，部分发达国家已经普及了深度处理和营养物去除。

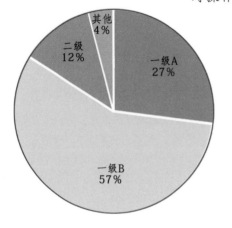

▲ 2016 年全国 3552 座城镇污水处理厂出水排放标准

自《地表水环境质量标准》（GB 3838—2002）发布以来，我国城镇污水处理设施建设处于高速发展期，截至 2017 年，我国城市共有污水处理厂 3552 座，处理能力约 1.57 亿米³/日，但大多采用传统工艺，达到最高排放标准一级 A 的也仅有 27%，出水水质仍为劣 V 类，还是实实在在的污水，未来仍然面临提标改造的问题。但污水处理基础设施投资大、回收期长，亦步亦趋的提标改造将造成巨大的资金浪费和重复投资。我国作为污水资源化利用的后发跟进国家，应该充分吸收发达国家经验教训，引进、吸收和创新污水

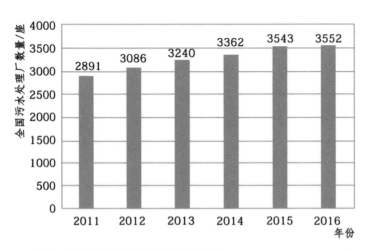

▲ 2011—2016 年全国累计污水处理厂数量

处理技术，高标准建设和改造城镇污水处理设施，避免一些污水处理厂刚建成就要改造的重复投资问题。这样不仅可以快速改善水生态环境质量，还是最大的投资节约行为。

二、我国利用非常规水的历程

虽然我国早在 20 世纪 50 年代就开始采用污水灌溉，但真正将污水深度处理后回用则是近 30 年才发展起来的。国家"六五"规划以来，我国设置了多个重点科技攻关计划，进行污水处理回用技术的探索和示范工程的推广，完成了大量生产性试验，获得了第一手资料，为污水资源化利用奠定了基础。目前我国城市污水处理厂普遍采用的工艺为普通活性污泥法、氧化沟法、间歇式活性污泥法等。

雨水集蓄技术主要包括雨水收集技术、雨水存储技术、雨水净化技术和雨水灌溉技术等。随着雨水集蓄技术在西北地区的试点和推广，雨水集蓄技术已从单项集雨技术走向综合集雨技术，从传统集雨利用走向高效现代集雨利用，从理论探讨、技术攻关走向推广应用并蓬勃发展，取得了良好的经济、社会和生态效益。

我国自"十五"规划期间把海水淡化列为示范项目以来，海水淡化科技发展取得重要进展，突破了多项海水淡化核心技术和关键设备，建成了多

小贴士

什么是污水？

污水是指受一定污染的来自生活、工业、农业等的排出水。

生活污水污染物主要是有机物（蛋白质、碳水化合物、脂肪、尿素、氨氮等）和病原微生物（寄生虫卵和肠道传染病毒等），容易腐化产生恶臭，细菌和病原体大量繁殖，可导致传染病蔓延流行。

工业污水含有工业生产用料、中间产物和产品以及生产过程中产生的污染物，成分复杂，不易净化，处理比较困难。

农业污水是农牧业生产排出的污水，氮、磷、钾等化肥使用会引起水体富营养化，高残留、难降解农药也会导致水体污染。

▲ 唐山曹妃甸首钢海水淡化设施

个海水淡化示范工程，在万吨级膜法和低温多效海水淡化关键技术与装备方面取得了重大科技创新成果。依靠科技的有力支撑，通过海水淡化有效提高了我国沿海地区水资源保障能力，海水淡化作为战略性新兴产业已具雏形。

我国污水资源丰富且分布广泛，污水资源化是尚未得到充分重视的开源新举措，也是水资源供给侧改革的创新探索。

根据《中国水资源公报》统计信息，我国城镇生活和工业污水排放量从 2000 年的 620 亿米³增加到 2017 年的 756 亿米³，增幅达 22%。但大部分废污水未经处理，或者处理达不到国家地表水标准，不仅浪费宝贵的水资源还引发了水体环境的二次污染。根据统计，目前我国的污水处理再生利用量只有 73.5 亿米³，不足污水排放总量的 10%，而且其中主要是河湖景观用水，并没有回用于经济社会发展。

大规模污水资源化利用必须要有长期稳定的污水来源、成熟的无害化及资源化处理技术、低于所替代水源的处理成本和稳定的用户等条件。根据我国经济社会发展状况，提高城乡污水处理标准，实现污水无害化处理、资源化利用完全可行。从实践上来看，我国很多经济发达且水生态环境污染问题突出的地区，已经在全面提升污

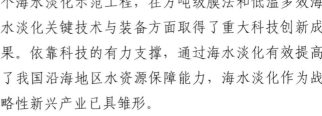

小贴士

什么是污水资源化

污水资源化的主要含义是按照自然地表水体的标准，采用对人体和环境无害化的办法进行处理，污水处理后既可以用于补充江、河、湖、库的水体，也可以用于工业生产、农业灌溉、回补地下水，或作为城市绿化、建筑冲厕、环境卫生用水等。

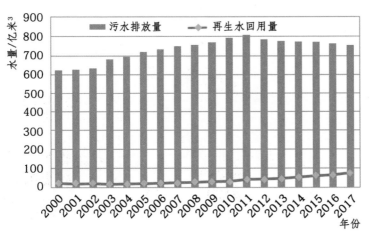

▲ 2000—2017 年我国污水排放量和再生水回用量

水处理标准，积极推进污水资源化利用。但现状更多是区域性探索行动，缺乏主动引导、标准引领、政策支持和社会推动等国家层面系统性推动，还难以支撑大规模的污水资源化利用战略实施。

▲ 利用电厂资源可将干化后的污泥与燃煤掺烧发电

污水处理过程中还会产生大量高附加值的污泥资源，污泥中通常含有大量的有机物和丰富的氮、磷等营养物质，也含有重金属、细菌等有害物质，任意排入水体或填埋将会导致环境的污染。相反地，如果进行减量化、无害化处理和资源化利用，污泥资源不仅可以作为良好的肥料，也可以作为建筑材料、清洁能源等用途。据统计，2018 年我国污泥总产量为 5665 万吨，主要采取堆肥、自然干化、焚烧等方式，处置手段落后，直接造成了二次污染，对生态环境产生了严重威胁。

◎ 第三节 非常规水在我国的利用前景

一、我国非常规水利用先行地区探索与示范

关于污水资源化利用，国际上水资源紧缺的发达国家早已有成功的经验，我国北方一些地区也在探索推进污水资源化利用，实践证明，污水资源化技术上已经成熟，经济上完全可行。我国污水资源化利用也

已经拉开了序幕，从一些地区污水提标改造和资源化利用历程中，也可以判断当前我国推动实施污水资源化已经不存在技术和经济障碍，尤其是对于经济相对比较发达和水生态环境恶化的东部地区。

为了提升水生态环境质量，我国很多地区都在推动污水处理提标工作。例如，北京市颁布了地方性标准《城镇污水处理厂水污染物排放》（DB 11/890—2012），要求排入北京市 II、III 类水体的城镇污水处理厂执行 A 标准，相当于国家地表水 III 类水；排入 IV、V 类水体的城镇污水处理厂执行 B 标准，相当于国家地表水 IV 类。天津、昆明、合肥、苏锡常、浙江、深圳、雄安等地也在进行污水处理的提标工作，例如，为保护巢湖水环境，合肥市清溪污水处理厂在挖掘改良 A2O 二级处理工艺能力基础上，深度处理采用后置反硝化深床滤池工艺，确保出水达到国家地表水 IV 类标准。深圳市茅洲河流域 7 座污水处理厂均升级达到国家地表水准 IV 类排放，保障了流域水环境质量的大幅度提升。上述污水处理提标改造多数主要是为了提升水环境质量，如何进一步引导推动资源化利用还比较滞后。

为缓解城市水资源供需矛盾，北京市是我国最早实践再生水利用的城市之一，并且形成了污水提标改造然后资源化利用的成功经验。为了促进污水资源化利用，北京市出台了《北京市排水和再生水管理办法》《北京市农村污水收集处理和再生水利用工程项目实施暂行办法》等，制定了《北京市进一步加快推进污水治理和再生水利用工作三年行动方案（2016 年 7 月—2019 年 6 月）》，投入了大量资金和配套的政策支持，不仅有效带动污水治理，还将污水变为新的水源，促进了北京市再生水利用量提升到 10.8 亿米^3，占全市总水量的 27.5%。

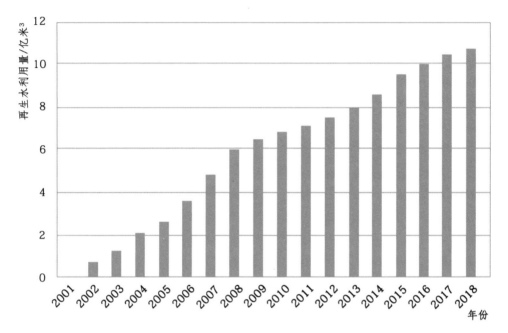

▲ 2001—2018 年北京市再生水利用量

北京市污水资源化运行经验证明，提高污水处理厂出水标准并不会显著增加成本。以密云再生水厂为例，该水厂采用膜生物反应器技术（MBR 技术），处理规模达到 4.5 万米^3/日，投资额为 9400 万元，与出水达到国家一级 A 标准的传统工艺投资基本相当，只有在运行期间，每天成本增加 4500 元，增加成本 7%，平均吨水成本仅增加 0.1 元。但其出水水质可达到地表水 Ⅳ 类，减少 COD、氨氮排放超过 40%，每年减少 COD 排放 3 万吨，氨氮排放约 4015 吨。如果进一步应用超低压反渗透技术，出水水质可达到地表水 Ⅲ 类，从而实现污水变成新水源的目标。

密云再生水厂的成本核算具有普遍性，北京市清河再生水厂二期运行结果亦支持上述结论。清河再生水厂二期应用 MBR 技术，处理规模每天 15 万米^3，投资约 4 亿元，投资额与出水达到国家一级 A 标准的传统工艺相当，而一天的运行成本仅比传统工艺高出 1.5 万元，平均吨水成本同样仅增加 0.1 元。

二、技术创新将持续降低利用成本

污水处理是个高能耗、高物耗的过程，合理的处理利用成本是大规模推动污水资源化利用的关键，随着污水处理技术创新和国外先进技术引进吸收，未来污水资源化成本还将在现有基础上进一步降低。下面是调研的几项先进城乡污水处理技术。

1. 日本、韩国农村污水处理一体化及集中处理技术

日本、韩国早在 20 世纪后期就开展农村污水处理工作，至今已有几十年的经验，污水处理技术值得借鉴引进、试验示范、总结推广。其主要特点为：污水及污泥处理标准高、资源化利用，按自来水标准处理污水；工艺技术先进高效，包括采用 A/A/O+A2O 组合工艺、超强厌氧发酵、超声波低温等离子体爆气生物膜；采用离子性纳米水凝胶膜油水分离、紫外线联合工艺消毒等污水处理技术；绿色环保不加任何药物；节能节地，施工运行简易，处理工艺单元化、标准化、集约化、自动化，工厂化生产就地安装；投资省，一体机较国内同类型产品具有质量和价格优势。

2. 纳米金刚石电子水体治污技术

上海交通大学研发的纳米金刚石电极系统，能向水体发射大量的游离电子，使水体及底泥中

污染络合物解离成纳米状，在阳光作用下纳米点成为具有高能的光电子，在它的作用下使水体大量产生具有超强氧化能力的溶解氧,离散、分解、氧化水体及底泥中的污染物，并激活底泥土中好氧菌的繁殖，使水体净化，恢复自然生态。该项技术在滇池、雄安新区、上海国家展览中心、深圳双届河及坪山河、嘉兴秀洲公园景观湖及其水系等污水处理项目都取得成功。该项技术主要是利用太阳能直接治理污水，能耗极低；可以实现水体污染及底泥同时治理；适合治理大面积水体及流域；绿色环保，不需添加剂、菌种；施工简易、费用低等。

▲ 造型别致的协同超净化水土共治装备，通过纳米金刚石降解水体污染物

3. 污泥低成本原位无害化处理和建材资源化利用技术

我国佛山水木金谷环境科技有限公司在水体底泥和市政污泥处理方面拥有原创性技术发明，研发了可移动式泥沙三级筛分设备、变频行星搅拌设备、行星式双仓混凝土搅拌设备、阳离子型表面活性脱水药剂、"钝化稳定—混凝土固封"双重钝化技术等，能够将清淤底泥、市政污泥无害化处理、脱水、搅拌成型、原位利用连为一个整体，提高工程效率，实现对污泥的安全、低成本、高效、资源化利用，广泛用于沙地荒地治理、园林绿化、土壤改良、生态修复、能源利用、免烧结砌块等。

第七章 未来的节水技术

未来，我国节水技术的发展还有较大的提升空间，特别是在节水产品、节水设备制造方面，还需要加大研发力度和提高工艺制造水平。

◎ 第一节　农业节水技术

现在与未来农业节水技术的采用，可以在维持相同农作物产量的前提下，减少水资源投入，同时还可以提高用水效率，在相同水耗的情况下提高作物产量。近年来针对农业节水技术所开展的研究日益增多，表明社会及多学科对该领域的关注度越来越高，呈现非常乐观的趋势。未来我国水资源面临的严峻形势和不确定的气候变化将进一步要求农业管理者和生产者不断通过发展节水技术来提高灌溉用水效率，从而减少对水作为输入性资源的依赖。

在应用基础研究方面，我国将重点推进灌排领域绿色发展理论创新，揭示水耗、能耗、物耗与产量的链接关系，阐明灌排、环境与生态系统的互馈机制，构建支撑我国灌排领域低碳、环保、高效发展的理论支撑体系。针对我国现代农业高产、优质、高效、生态安全理念，以及规模化、集约化、低能耗的发展趋势，突破变化环境下的规模集约化农业节水理论与技术。

知识拓展

农业规模化、集约化

现代农业主要有两个发展模式：规模化农业，在地多人少的国家，主要着眼于提高单位劳动生产率，以大面积耕地、大量资金和技术的投入在尽量少劳动力基础上获得高效益，比如美国在大型喷灌机、精细地面灌、智能灌溉等方面具有明显技术优势。

▲ 美国规模化耕地农业

集约化农业，在地少人多的国家主要着眼于提高单位土地生产率，以密集、深化的劳动投入和资金技术投入在小面积耕地上获得高效益，比如以色列在精量滴灌、水肥一体化、再生水利用等方面处于国际领先水平。

▲ 以色列农业滴灌技术

在关键共性技术方面，重点突破适时适量灌水施肥调控技术、灌区智能决策与精准灌溉控制技术、节能低耗灌溉技术、节水减污控排节水灌溉多要素调控技术，与大数据、人工智能深度融合的节水灌溉智慧高效调控技术，形成适应新形势的多品种、多规格、系列化的节水器材、设备。

知识拓展

关键共性技术

灌水施肥调控技术是一项强调水肥协同互作效应的技术模式。通过调控灌水流量、灌溉密度、灌溉下限等来调控土壤水分含量，同时灵活调控施肥量、施肥期与种类等，改变土壤中的水肥时间和空间分布，以满足作物不同生育期对水分和养分的需求，提高水肥利用效率。

灌区智能决策与精准灌溉控制技术是应农业的工业化和规模化生产发展提出的要求而产生。智能决策是通过判断作物需水信息，综合考虑土壤、作物和气象等环境因子，进行灌溉预报决策；灌区精准灌溉控制以上述决策为支持，实现田间水分信息采集和灌溉的自动化远程控制，从而达到节水、增产和减少化肥流失的目标。

节能低耗灌溉技术是在灌溉技术的基础上，降低功耗，来达到科学灌溉的目的。比如利用太阳能等清洁能源为灌溉控制提供所需电源和能量；同时利用物联网协同感知技术、无线通讯技术、智能决策技术等，实时监测农作物生长和环境参数，完成最佳精准灌溉。

节水减污控排节水灌溉是减少面源污染，加强灌溉用水管理的主要措施之一，形成尤其是适于南方稻作区的"高效输水—田间节水（肥）与控制排水—生态沟、河、湿地污染拦截"的工程模式，实现节水、增产、减排、控污的目的。"灌溉—排水—湿地"协同运行的技术模式，包括应用喷灌、滴灌等微灌模式，输水方式采用防渗渠道或低压管道、地下管道等，使水利用率提高 20% ~ 40%，渗漏损失减少 50% ~ 90%。

未来农业节水技术将融入更多的先进技术，实现多学科、多信息与灌溉技术相结合。在结合生物工程技术、计算机技术与电子信息技术的基础上，将水利工程、生物学、土壤学及农业学等多学科知识融合在一起，将天然降水、土壤水、作物水等多种条件联系到一起，形成良好的节水系统和水分控制系统，从而有效提升节水效率。同时不仅要从农田的灌溉技术着手，更要提升各种水资源的转化率，实现常规水资源和非常规水资源多种水资源共同灌溉，在保证农作物生长的同时，进一步提高水资源的利用率。

小贴士

节水灌溉究竟要节哪些水？

灌溉即通过输配水系统把水送到田间；在田间为作物所利用；作物吸收的水通过光合、蒸腾作用最后产出。在这三个环节中都有水可节，即减少输配水损失；在田间减少深层渗漏和株间蒸发；提高水分的产出率也是节水。

◎ 第二节　工业节水技术

我国工业体系完善、门类齐全、规模巨大，工业节水需要从全面化、系统化、专业化入手，推进工业节水技术创新、节水装备升级、节水产业发展。面向工业用水环节和高耗水重点行业，建立以企业为主体的节水技术创新体系，强化通用性和专业性节水技术研发与推广，从生产工艺源头实现用水量的大幅度削减。一方面要减少工业新水的取用量，可以从用水产生的源头进行节水探索；另一方面要减少废水排放量，提高工业用水的重复利用率，也要注意减少水资源污染的产生，从而也可以达到节水的目标。

在工业用水环节中，针对按功能划分的三类工业用水——冷却水、工艺用水和锅炉用水，可以分别进行节水技术的探索研究。针对在工业用水占较大比重的循环冷却水，未来节水技术要加大对工业循环冷却水中氯离子等有害物质脱除技术的研究力度，注重提高水处理系统循环率、提高循环冷却水系统运行的浓缩倍数等；对于工艺用水，要根据企业用水特点，积极推广专用节水设备和装置，可以在重点行业工业园区建立节水生产示范地。

对于高耗水重点工业行业，未来国内要重视开发对于节水技术及关键设备材料的自主研发能力；并在工业节水设备的

▲ 节水消雾闭式冷却塔

精细化、成套化、自动化以及低能耗等方面，借鉴国外现有成功经验，进行更加深入的探索研究。

工业节水技术要重视技术创新，建立以企业为主体的节水技术创新体系。目前我国企业用水智能化和信息化水平较低，难以

▲ 工厂用水数据可视化平台

实现用水过程精准控制；企业内和企业间循环用水、串联用水方面的推广应用整体程度较低。所以未来可以重视智能技术与工业节水的结合研发，在工业用水环节的监控和调度等方面进行应用从而实现用水过程、用水设备的水量变化可视化，帮助企业有效节水，实现投入产出的效益最大化。

与农业节水技术原则一致，提高水的利用效率也是节水。所以未来在工业节水技术方面要针对节水减排需求，注重工业废水的排放和用水重复利用的研究，积极推进企业水资源循环利用和工业废水处理回用等技术。对于工业用水，针对回收率低、排污率高等可能存在问题进行相关研究，一方面积极应用冷凝闭式回收技术等方式进行回收利用，减少水资源消耗；另一方面通过推广安装自动排污设备等来合理控制排污水量，减少或消除盲目排污，督促工业企业加强管理，减少浪费和污染，改进生产工艺，提高工业用水重复利用率，从而提高水的利用效率和效益，达到先进的节水水平。

知识拓展

冷凝水回收技术

　　冷凝水回收技术的作用在于回收利用冷凝水的热量（包括闪蒸汽热量）和软化水，根据不同情况可采用不同工艺方式。一般习惯上有开式系统和闭式系统之分，开、闭式冷凝水回收系统各有优缺点。

　　开式系统可以对多台设备冷凝水回收，可以使用空气和蒸汽操作，系统相对简单。但该系统失去了有价值的闪蒸汽，且必须接出一根通气管道。闭式系统可以回收高温冷凝水（≤198摄氏度），没有闪蒸汽浪费；不需要安装昂贵的通气管道。但该系统相对复杂，且不能使用空气作动力。

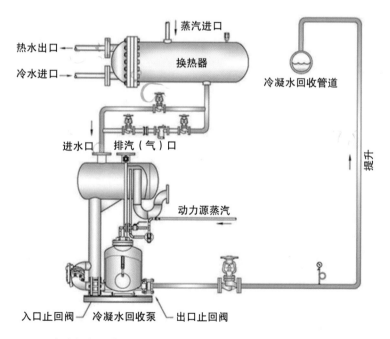

▲ 开式冷凝水回收系统

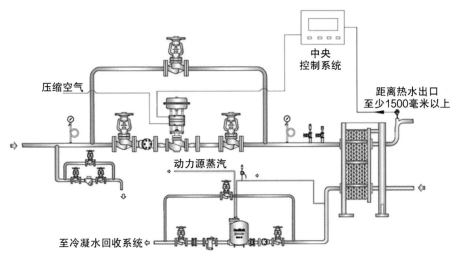

▲ 闭式冷凝水回收系统

◎ 第三节　生活节水技术

　　未来对于生活节水技术的探索，可以分别从水源、输配水过程以及终端用水三个方面进行研究。首先在水源节水方面，发展分质供水，研发推广水循序利用技术，水源替代水质安全保障技术，城镇给排水系统、雨水收集和利用系统、中水处理与回用系统、绿化和景观用水系统的统一规划设计技术。对于替代水源的开发，加大供给侧技术创新力度，不断提高非常规水源等新的供水水源的出厂质量，为其供水的广泛利用提供条件；同时加快再生水供水管线等配套设施的修建。对于收集的雨水、处理后的中水等的利用，可以将数字化技术、多学科综合知识与其相结合，应用于人工湖、城市湿地等景观设计、绿化、道路喷洒等用水多方面。

知识拓展

分质供水

以自来水为原水，将自来水中生活用水和直接饮用水分开，另设管网直通住户，实现饮用水和生活用水分质、分流。供应深度净化处理后的纯净水，满足较高健康需求人群饮水的优质优用、低质低用的要求，对于大多数居民来说，这种水相对于包装纯净水来说，更加便宜和优质。管道分质直饮水以城市集中式供水为水源，也是利用优质地下水资源措施之一，是城市供水系统的延伸和补充。

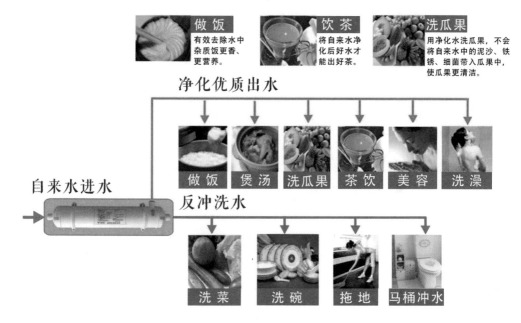

▲ 家庭分质供水系统说明

在输配水过程节水方面，研发综合压力控制、快速修复、管网管材更新、主动漏损控制等在内的城市输水管网漏损主动控制技术，精确定点检漏技术，供水管网水量—水压优化调度技术，计量—传感—控制一体化水表设备研发。推进现有供水管网的提升改造工作，建立分区计量供水管理系统，通过对各分区进行压力和流量分析，快速准确定量各区漏损水平及漏水的大致范围，指导修复工作，进而控制漏损；逐步开展现有供水管网的更新改造工作，采用新型 HDPE、不锈钢管等新型管材管件，运用更加先进的施工技术，不仅可以有效降低漏损，还能保证水质安全。

在末端用水过程节水方面，开发新型节水器具，研发建筑、个人等微观尺度节水评价与辅助节水技术。在建筑体整体方面，加快针对建筑整体的系统节水技术、方法及装备的研发与应用。针对居民家庭末端生活用水，研发推广与人工智能、物联网等紧密结合的节水技术，从而帮助高效精细地实现节水。以居民厨房生活用水为例，在智慧厨房中将用水器具的设计与人工智能相结合，煮米饭放多少水、洗碗放多少水、水龙头的出水量和开关都有精准的计算，厨房节水将会更智能合理。针对大型公共场所的节水管理，一方面推动节水器具升级改造工作，鼓励采用更为先进的节水器具，另一方面确保节水工作落实到人，可以结合当前流行的短视频、人脸识别等热点技术，创新节水宣传和监督模式，提高精确到人的到位率和有效性。

（a）全自动感应式淋浴器

（b）超声波迷你无水洗衣机

▲ 新型节水器具

◎ 第四节 非常规水源利用技术

非常规水源利用是缓解水资源供需矛盾、提高水资源保障能力的重要举措，是衡量经济社会节水水平和水资源开发利用水平的重要标志。现阶段我国对于非常规水源的开发利用已取得一定成果，但仍与国外先进水平存在一定差距。未来国内针对再生水利用、雨水集蓄利用、海水淡化等多种非常规水源利用的研发技术都需要持续深入研究。

从国家层面来看，近年来有关推进非常规水源利用要求不断强化。2012 年国务院发布《关于实行最严格水资源管理制度的意见》，明确在水资源配置中纳入非常规水的相关要求；2015 年国务院印发实施的《水污染防治行动计划》要求将再生水、雨水和微咸水等非常规水源纳入水资源统一配置；2017 年《水利部关于非常规水源纳入水资源统一配置的指导意见》中对于非常规水源的配置量提出具体目标，特别在缺水地区要加快推进非常规水源利用。

2019 年印发实施的《国家节水行动方案》强制推动非常规水源纳入水资源统一配置，逐年提高非常规水源利用比例并严格考核；2021 年国家发展和改革委员会等十部委联合印发《关于推进污水资源化利用的指导意见》，明确 2025 年全国缺水城市和京津冀地区再生水的利用率；同年水利部等部门印发了《典型地区再生水利用配置试点方案》，明确在缺水地区、水环境敏感地区、水生态脆弱地区等开展试点工作和试点率；2022 年 3 月，水利部、国家发展和改革委员会联合发布《关于印发"十四五"
用水总量和强度双控目标的通知》，首次将非常规
水源最低利用量作为控制目标分解下达到各省、自
治区、直辖市，提出 2025 年全国非常规水源利用量
超过 170 亿米^3 的明确要求。

知识拓展

国内外非常规水源开发利用对比

在非常规水源的开发利用方面，相较于国外，
我国对于非常规水源的探索研究起步较晚。我国在
20 世纪 50 年代就开始采用污水灌溉，但从 20 世纪
80 年代起才逐渐开展非常规水源利用的系统研究工
作。而早在古希腊时期，对于废、污水的再生处理
利用就已经存在；对于雨洪资源的研究，最早可以
追溯到 20 世纪 40 年代。世界上有很多国家与我国
一样面临着严重缺水的困境，而其中很多国家已经
达到先进水平。比如以色列对于再生水的利用位于
世界领先水平，居民的日常供水来源中除了自来水，

▲ 以色列再生水厂

基本都包括再生水这一重要部分；中东地区的沙特阿拉伯对于海水淡化的生产利用始于 20 世纪 60 年代初，后不断发展；美国环保局早在 2012 年就制定了针对再生利用水资源的相关指南；在欧洲，2017年时欧盟委员会针对相关立法工作展开讨论，就再生水资源利用等形成了较为完善的法规体系。

▲ 沙特阿拉伯海水淡化厂

一、研发高效低耗的污水处理和再生利用技术

鼓励研发占地面积小、自动化程度高、操作维护方便、能耗低的新型处理技术和再生利用技术。首先污水处理厂需要做到供应和排放一体化，采用托管运行模式，并加快推进智慧水务的发展，建立基于大数据系统的信息化控制平台，完成未来污水处理厂由粗放型到精细化运行模式的转变，从而提升生活污水处理技术水平。在污水处理技术方面，考虑微生物电化学污水处理技术、膜法污水处理技术等，与生物、信息、材料、人工智能、3D 打印等

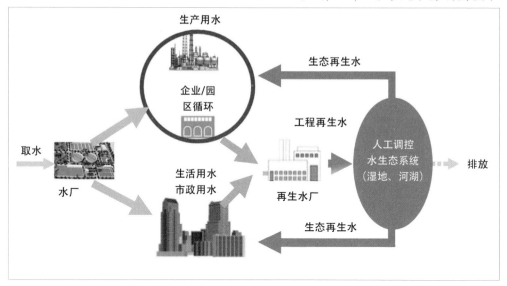

▲ "生态循环、梯级利用"
的城镇污水再生利用新模式

快速发展的科技进行交叉融合与创新。在再生水利用方面，考虑发展生态循环、梯级利用，即将再生水排入城市原有的河湖塘池、景观水体、人工湿地等地表水环境，经过储存净化之后转变为"生态再生水"，再进行循环利用。

二、研发推广雨水集蓄利用技术

在缺水地区推广农业集雨灌溉技术；推广农村分散式集雨利用技术和滴灌技术；鼓励企业和园区设置雨水收集及回用处理系统，处理后的雨水作为冷却补给水和杂用水；推广城镇绿地草坪、房屋、道路、下沉空间雨水滞蓄直接利用技术。在缺水地区，随着在西北地区的试点、推广，雨水集蓄技术需要重点突破技术难点，逐渐走向综合集雨技术和更高效的现代集雨利用，并实现在缺水地区的推广应用和蓬勃发展。在城镇雨水利用方面应因地制宜，适当规划城市低洼区作为蓄滞洪区，并降低城市公园和绿地区的地势，在极端降雨条件下也作为蓄滞

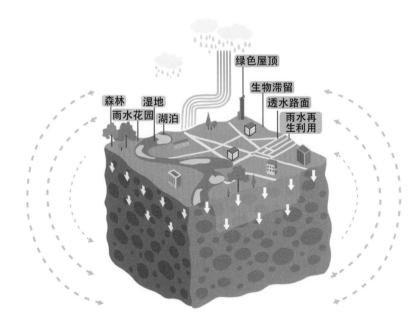

森林
雨水花园
湿地
湖泊
绿色屋顶
生物滞留
透水路面
雨水再生利用

▲ 海绵城市构想

洪区，既可缓解城市内涝，也可作为城市雨水资源化的来源。同时推广建立屋面雨水集蓄系统收集屋面雨水，利用雨水截污与渗透系统收集地面雨水，建立生态小区雨水利用系统，全面实现城镇雨水有效利用。

三、研发海水淡化科技与产业紧密相关的技术和装备

着力发展海水淡化关键设备和核心材料，提高国产化率和国际竞争力。积极在正渗透、石墨烯膜制备、海水淡化与新能源耦合、海水冷却塔塔芯材料等方面开展工作，抢占自主研发技术制高点。自主研发关键装备逐步向实用化、产业化发展，针对大型工程技术和装备进行攻关，为低能耗、低成本、生态化的大型海水淡化工程建设及安全供水提供技术保障。针对一些淡化设备的关键零件，提高创新

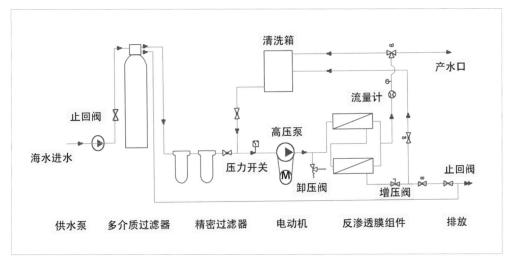

供水泵　　　多介质过滤器　　　精密过滤器　　　电动机　　　反渗透膜组件　　　排放

▲ 反渗透海水淡化技术图

能力和自主研发能力，比如能量回收装置、反渗透膜、高压泵等反渗透淡化技术中的关键零部件。

知识拓展

未来微咸水和咸水能用于农业灌溉吗？
—— 微咸水灌溉改良盐碱地

在淡水资源匮乏的背景下，盐碱土分布区丰富的地下咸水可被看作农业可利用的水资源。研究表明：咸水灌溉可在一定程度上缓解由于淡水不足造成的干旱问题，甚至可在不影响土壤性质的情况下，实现作物增产。但如果利用不当则会造成土壤退化和作物减产。

根据国内外的实验研究，微咸水和咸水理论上可以用于作物灌溉。作物可以吸收水分和养分的土

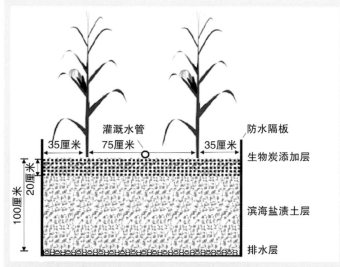

▲ 滨海地区微咸水灌溉（引自：黄明逸，张展羽等．咸淡交替灌溉下生物炭对滨海盐渍土及玉米产量的影响．农业工程学报．2020）

壤溶液浓度极限值为 15 ~ 20 克 / 升，小麦返青时不超过 10 克 / 升，拔节后为 20 克 / 升。理论上讲，在小麦返青期用 10 克 / 升的咸水灌溉，拔节后用 20 克 / 升的咸水灌溉是可以被作物吸收利用的，但由于灌水时土壤含水率达到田间持水率后土壤水分逐渐消耗，土壤溶液浓度不断增加，为使土壤溶液浓度保持在极限浓度以下，根据国内试验资料，一般灌溉水的浓度应不超过 5 ~ 6 克 / 升。

目前，国内外针对咸水灌溉的灌溉水量和水质、灌溉方式及对土壤水盐动态影响等方面的实际应用开展了大量的研究工作。研究表明：一定矿化度咸水的入渗可有效地淋洗土壤盐分，随入渗水量的增加，土壤的脱盐深度逐渐加深。利用咸水进行灌溉时，咸水含盐量越高则应相应增大灌水定额，以减少盐分在表层土壤滞留。利用咸水进行灌溉过程中，灌溉水带入土壤的盐分在土壤中累积与淋洗交替进行会有不同程度的积盐。此外，咸水的SAR（钠吸附比）水平对土壤理化性质也具有重要影响。咸水灌溉过程中，咸水的入渗对土壤具有双重作用，一方面灌溉水中的盐分有利于稳定土壤孔隙结构，提高土壤导水通气性，随咸水矿化度增加，咸水入渗加快；而另一方面，如果灌溉水中钠离子比例较高时，则会导致土壤颗粒分散，土壤导水通气能力下降。

咸水灌溉的关键是选择适当的灌溉方式，合理的咸水利用方式应根据当地气候、土壤、水源条件及作物的耐盐性等来确定。目前，灌溉方式主要包括漫灌、沟灌、喷灌和滴灌，其中滴灌比其他灌溉方式能更好地调整根区土壤盐分状况和获得更高的产量，同时可大大减少水资源的消耗。咸水灌溉必须有适当的排水条件，在纯井灌区应通过自然降雨淋洗，将旱季土壤中积累的盐分排除至根层以下；在有地表水灌溉的地区则应利用灌溉的地表水和降雨水淋洗，使根层土壤溶液不超过作物的生理极限。

◎ 第五节　计量监控与评测技术

一、用水计量及自动化监控技术

在生活和工业用水计量水表方面，研究和探索新形势下适合供水企业和用水户双重需要的水表或流量计，并扩大其流量测量范围、延长水表的工作寿命、提高仪表智能化程度等，促使水表向着高效、精细、准确、便于监控和抄收的大方向发展。建设

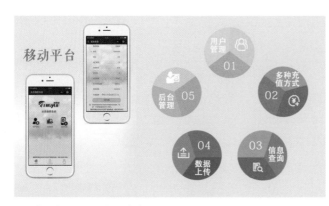

▲ 蓝牙智能用水计量系统

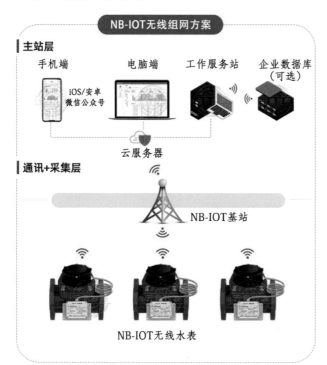

▲ 远程智能抄表水表

基于物联网、大数据和微服务等技术的计量系统，通过对用户用水数据的实时采集，实现不同用途用水计量的直观、动态监控，对各类用水分析、节水潜力、水平衡测试以及漏损等情况进行日常监管，提高节水计量的直观性、实时性、精准性。对于居民的用水，可以结合现有移动设备对计量水表进行创新升级，比如蓝牙智能水表等，与日常的手机微信相连，实现用水量观测、充值等融合一体，便捷管理。对于供水端，可以结合无线网络和大数据等现代科技，实现远程用水计量和监管。

在农业用水计量方面，在有条件的地区要研发、普及新型简易、便捷、准确、易于维护的农业用水量测技术和设施。在没有安装计量设施条件的地区要创新计量方式，按照流量、用水时间、用电量、泵站功率等方面估算用水量。计量方式的选择要结合当地农业实际情况，因地制宜。在具备计量技术的地区，可以建成统一的数据平台，实现农业用水智能计量全覆盖和对各处用水计划、管理、收费、维护的全要素信息化监管；重点加强农田水利条例、节水条例、计量法的社会宣传，尤其对农户自觉依法保护农业节水设施的宣传，形成社会共建共管共享共治的保护机制。同时考虑将用水计量与互联网、大数据技术相结合，对当地农业整体用水情况可以进行总量控制和远程监管，为农户取用水提供便捷线上通道，为确保农业灌溉工作顺利开展提供保障。

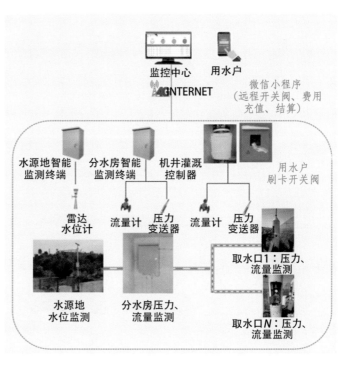

▲ 农业用水计量远程监管系统

二、用水设备效率检测技术

一是提高检测设备的综合性。为了避免同一样品在检测不同参数时进行多次拆装，将同一产品的不同性能一次性测试是未来检测仪器发展的方向。二是加强检测设备的制造设计标准化。建立健全不同项目试验机对于水路基础元件的要求，对安装位置、运行性能作出明确规定。要进一步对电子元件，对采集系统的设计要求进一步细化提高，形成不用类型项目的独特的试验机制造标准与计量标准。三是实现智能化检测。实验室配置工控机进行提交数据，展示终端进行数据展示、后台管理进行基础数据的配置，用户的管理与分配，以达成实验室与展示终端的无缝衔接。未来检测设备对产品检验的稳定性、可靠性和适应性要求不断提高，技术指标不断增加，数据的互通性增强，最终实现检测仪器的标准化生产。

第八章

结语

近 20 年来，我国的节水工作取得了显著成效，但不同地区水资源利用效率和效益差异较大，与先进国家和区域的用水效率相比较，我国仍然存在农田灌溉水量大、工业水重复利用率低、城镇供水管网漏损率高、节水技术水平与推广程度不足等水资源利用低效的问题。

用水低效类型主要包括以下四种。

（1）结构型低效：主要是指产业结构、种植结构等经济结构和类型与水资源条件不匹配，以不可持续的水资源利用支撑高耗水、低附加值的用水需求。

（2）技术型低效：主要是指用水工艺、设备、器具等技术水平偏低，与先进用水水平相比是一种低效。另指我国先进节水技术储备不足。

（3）意识型低效：主要是指公众对节水的重视程度不够，存在用水浪费的行为。

（4）管理型低效：主要是指管理措施、手段、机制、监管等不到位，管理粗放而导致的用水低效。

应针对不同的用水低效类型采取不同的应对措施，从而持续推进节水工作发展。

一、结构型低效及其应对

经济结构与类型直接决定用水结构，是影响区域用水效率和效益的最大影响因素。目前万元国内生产总值用水量低于中国的基本上都是农业、工业产值占比较小的发达国家。从国内各地区情况来看，经济发展相对滞后的缺水地区，结构型低效问题越发突出。

改变结构型低效的有效办法就是不断优化调整经济结构。但是从全国尺度上看，我国经济发展水平与世界先进国家相比仍有较大差距，整体仍处在工业化进程当中，同时，我国也是全球唯一一个全产业链国家，农业、工业产值占比大，人口多，粮食安全保障任务重。因此农业用水占比大，导致万元 GDP 用水量大，也是造成水资源"低效"表象的重要原因。我国是世界制造业大国，强调以国内大循环为主体和产业实体化，不能完全依赖于服务业，避免走上产业空心化老路，所以综合用水效益低一些是客观实际、也在情理之中。因此，从全国范围讲，结构型"低效"将会在相当长的时期内持续。

二、技术型低效及其应对

从整体上讲，我国分行业节水技术与材料研发自主创新能力总体仍不强，主要依靠引进消化吸收再创新，仅有少数领域研发跻身世界先进水平，缺乏革命性、颠覆性的节水技术，远不能满足我国各行业深度节水需求。从农业节水来看，我国节水灌溉面积达到 5.67 亿亩，但喷灌、微灌、管道输水灌溉等高效节水灌溉面积只占约 1/3，灌溉水有效利用率还不够高，仍有较大提升空间。从工业节水来看，工业循环水利用率与国际先进水平还有一定差距。

应对技术型低效就是要开展节水技术方法深度创新，研发高用水行业的节水新技术、新材料，以及先进适应新型节水设备，同时搭建先进适用节水技术库和发布平台，实现节水信息传播共享。

三、意识型低效及其应对

目前大部分公众对于水资源和水环境的严峻形势认识不足，对于节水认识不够，并存在广泛的"微不足道"意识，认为自身用水量只占全社会总用水量的极小部分，即使自己努力节水，对于区域整体的水资源形势不会有任何作用，却没有认识到这种意识巨大的累积效应，就会导致公众在日常存在用水浪费行为。对于居民生活用水，洗菜、洗手、洗浴时存在"长流水"的情况，特别是在公共场所，用水行为相对不受约束，"长流水"等浪费水现象相对更多。另外，公共场所用水设备存在跑冒滴漏，景观环境用水使用与饮用水同一标准的自来水，公共绿地采用大水漫灌等浪费水资源的现象也是常态。对于企业或单位用水，不重视节水工作的情况还普遍存在，不主动采用先进节水技术、设备与工艺，不强化节水管理，导致用水效率水平低下。

应对意识型低效，则是要继续推进节水文化培育，促进公众参与节水。合理提高用水成本，提高个体节水技能，引导重点人群；提高节水意识；营造群体氛围。

四、管理型低效及其应对

管理型低效突出表现一是在用水监测计量方面，全国监测水量占总用水量的 60% 左右，其中农业用水监测计量率仅有 40%，由于缺乏作物需水量科学监测分析，需灌多少水、灌了多少水，主要"凭经验、靠眼力"，造成大量灌溉水浪费；二是管网漏损问题，当前全国城镇公共管网漏损率仍较高，不符合国家标准的灰口铸铁管占我国供水管网的比重超过 50%，漏损监测能力和系统控制技术落后，老城区公共供水管网普遍没有分区计量管理，导致管网漏损难以发现、处置困难。花费大量投资好不容易生产出来的高品质自来水却又白白跑掉，损失巨大；三是在规划、设计、建设时期没有充分考虑节水要求，没有统筹规划建设节水及管理基础设施，导致后期改造难度大、成本高，好的节水措施难以落实，造成水资源浪费。

管理型低效的应对，是要加强用水全过程监控，进一步推进精细化、精准化节水管理。

总之，节水是缓解我国水资源紧缺形势、保障经济社会用水安全、推动生态健康修复的重要途径，是今后相当长时期内我国水资源管理的重点工作。节水的工作繁杂而琐碎，涉及千家万户、各行各业，因此节水工作需要全社会每一个人的积极参与才能真正做好。

[1] 中华人民共和国水利部.中国水资源公报 2020[M].北京:中国水利水电出版社,2021.

[2] 中华人民共和国统计局.中国统计年鉴—2020[M].北京:统计出版社,2021.

[3] 中华人民共和国水利部.中国水利统计年鉴 2020[M].北京:中国水利水电出版社,2020.

[4] 王浩,王研,贺伟程,等.水资源术语:GB/T 30943—2014 [S].北京:中国水利水电出版社,2015.

[5] 刘俊良,李会东,张小燕.节约用水知识读本 [M].北京:化学工业出版社,2017.

[6] 侯新,孙华.节水知识 100 问 [M].郑州:黄河水利出版社,2019.

[7] 潘文祥.城市家庭生活用水特征与过程精细化模拟研究 [D].杨凌:西北农林科技大学,2017.

[8] 樊良新.渭河流域关中地区农村居民生活用水行为研究 [D].杨凌:西北农林科技大学,2014.

[9] 崔强.农业灌溉用水计量集成技术应用策略 [J].农业科技与信息,2022(3):75-77.

[10] 中华人民共和国住房和城乡建设部.节水型生活用水器具:CJ/T 164—2014[S].北京:中华人民共和国住房和城乡建设部,2014.

[11] 刘红.生活用水器具与节约用水 [M].北京:中国建筑工业出版社,2004.

[12] 马新.我国城市生活节水对策及其有效性分析 [J].纳税,2019,13(8):138-139.

[13] 师林蕊,朱永楠,李海红,等.北京居民用水调查及节水潜力 [J/OL].南水北调与水利科技 (中英文):1-12[2022-06-01].

[14] 田根生,车建明,邵自平,等.节约用水从我做起 写给孩子的北京节水故事 [M].北京:中国水利水电出版社,2019.

参考文献

[15] 朱来友，谢元鉴，方少文，等.节水知识科普读物 [M].北京：中国水利水电出版社，2015.

[16] 中国水利百科全书编委会.中国水利百科全书 [M].北京：中国水利水电出版社，2006.

[17] 马涛，刘九夫，彭安帮，等.中国非常规水资源开发利用进展 [J].水科学进展，2020，31(6):10.

[18] 张楠，何宏谋，李舒，等.我国矿井水排放水质标准研究初探 [J].中国水利，2019(3):4.

[19] 孙静，阮本清，张春玲.国内外非传统水资源开发利用 [J].中国水利，2007(7):8-11.

[20] 张春园，赵勇.实施污水资源化是保障国家高质量发展的需要 [J].中国水利，2020(1):1-4.

[21] 谢勇强.农村污水处理一体化设备技术现状与展望 [J].中国战略新兴产业：理论版，2019(17):1.

[22] 苏帅，贾鹏.浅析纳米金刚石材料在污染水体中应用的可行性 [C]// 中国环境科学学会.中国环境科学学会，2016.

[23] 王建华，陈明.中国节水型社会建设理论技术体系及其实践应用 [M].北京：科学出版社，2013.

[24] 王丽珍，王建华，李海红，等.我国节水技术创新发展的现状与建议 [C]//2019中国水资源高效利用与节水技术论坛论文集，2019:71-77.

[25] 杨虹霞.现代节水农业技术研究进展与发展趋势探讨 [J].南方农业，2021，15(30):223-224.

[26] 董玥，马玥翼，刘洪旺.现代节水农业技术发展现状与未来发展趋势分析 [J].农家参谋，2020(3):35.

[27] 倪天相.农业节水现状及主要农艺节水措施探讨 [J].河南农业，2021(2):42-43.

[28] 张晓英，李素芹，雷海萍，等 . 钢铁工业循环水中氯离子脱除工艺技术探讨 [J]. 钢铁，2022，57(3):153-159.

[29] 刘丹丹，解建仓，朱琪，等 . 钢铁工业用水过程可视化及节水评价 [J]. 水利信息化，2019(4):41-46,72.

[30] 朱永满 . 浅析工业锅炉水处理节能减排的现状及措施 [J]. 科学技术创新，2019(20):189-190.

[31] 张雅君，许萍，田一梅，等 . 城市节水关键技术与应用 [J]. 建设科技，2016(7):20-22.

[32] 王静怡，付峥嵘 . 长沙市绿色居住建筑雨水收集利用效益分析 [J]. 中外建筑，2020(3):53-56.

[33] 宋军宝，雷德杰 . 新形式下海绵乡村的研究与建设——古代雨水利用对未来海绵乡村建设的启示 [J]. 住宅与房地产，2018(7):261.

[34] 代飞 . 城市生活污水处理技术现状与发展趋势探析 [J]. 山西化工，2021，41(2):215-217.

[35] 路琪儿，罗平平，虞望琦，等 . 城市雨水资源化利用研究进展 [J]. 水资源保护，2021，37(6):80-87.

[36] 朱庆平，史晓明，詹红丽，等 . 我国海水利用现状、问题及发展对策研究 [J]. 中国水利，2012(21):30-33.

[37] 孙彬荃，张小磊，邢丁予，等 . 海水淡化技术的发展和应用 [J]. 广东化工，2021，48(18):1-2,28.

[38] 王妍 . 基于物联感知的机关节水仿真系统建设探究 [J]. 水资源开发与管理，2022，8(1):8-12,17.

[39] 李京辉 . 北京市全面深入实施农业灌溉用水智能计量管理的思考 [J]. 中国水利，2018(17):54-57.